中国高等院校"十三五"精品课程规划教材

版式设计

张如画 李 俊 吴 昊 主编

马林兰 副主编

中国青年出版社

序言

  版式设计是现代视觉传达设计的主要表现形式。为了有效传递信息、合理放置图形，版式需要在方寸之间进行精心规划，这种规划是集心力于一体的整合与思考，因此好的版式能够展现阅读功能，带给人们身心愉悦的享受，能够有效提高阅读速度，加强信息的提取与整理。版式存在的形式和表现手段多种多样，包括书籍、包装、网页、视觉识别、广告、APP等，甚至城市规划也是版式的另一种表现形式，从平面到立体的纵深设计。

  好的版式能够一目了然，便于信息的提取，突出图形的本质，有效传达信息内容。版式设计需要科学地规划与整理，同时需要感性的认知与表现，因此，如何拿捏方寸之间的设计要素就成为版式设计的重中之重。本书对版式的图形、文字、色彩三要素和点、线、面等抽象要素进行充分讲解，以实例进行有的放矢的说明，为广大设计者和高校学生提供了良好的设计范本和设计思路，案例都进行详细的分析，以便在今后的设计中能够有效运用。

  在此感谢读者能够对本书提出宝贵意见，未来我们将以更饱满的热情和更加积极的态度进行编写。

目录
CONTENTS

第 1 章
历史长河的见证——版式的发展与演变

教学实践　　　　　　　　　　6
设计点评　　　　　　　　　　7
课后练习　　　　　　　　　　8

第 2 章
别样的诉说语言——心灵之窗

2.1 无规矩不成方圆——版式设计的组织原则　　11
  2.1.1 由内而外——整体性　　11
  2.1.2 一目了然——主体性　　12
  2.1.3 物以类聚——群化性　　12
  2.1.4 虚实相生——空白性　　13
  2.1.5 和睦共处——邻近性　　13
  2.1.6 共性与差异——近似与对比　　13
  2.1.7 本原与升华——节奏与韵律　　13
  2.1.8 宁静与和谐——对称与均衡　　14

2.2 如何标新立异——版式设计的特征　　14
  2.2.1 信息传播承载者——直接性　　14
  2.2.2 信息的延续——指示性　　15
  2.2.3 有据可循——规律性　　15
  2.2.4 赏心悦目——艺术性　　15
  2.2.5 独具匠心——创意性　　15

2.3 核心——版式设计的基本原理　　16
  2.3.1 抢占先机——版面占有率　　16
  2.3.2 合理规划——版式设计的视觉流程　　16

教学实践　　　　　　　　　　19
设计点评　　　　　　　　　　20
课后练习　　　　　　　　　　21

第 3 章
从画地自限到破茧而出——网格设计的尺度与突破

3.1 自我约束——如何定义网格　　24
  3.1.1 定义的网格　　24
  3.1.2 独树一帜的网格特点　　24
  3.1.3 不可替代的网格功能　　24

3.2 定义的美感——网格的类型　　25
  3.2.1 对称网格　　25
  3.2.2 非对称网格　　27
  3.2.3 成角网格　　27
  3.2.4 模块网格　　28
  3.2.5 基线网格　　28

3.3 了然于胸——网格的应用　　29

3.3.1	如何创建网格	30
3.3.2	如何编排网格	30

3.4 隐藏的秩序——框架　　　　31

3.4.1	满版式	31
3.4.2	轴线式	31

3.5 张扬的自我表现——自由网格　32

3.5.1	发散式	32
3.5.2	自由式	32

教学实践　　　　　　　　　　　33
设计点评　　　　　　　　　　　34
课后练习　　　　　　　　　　　35

第 4 章
包罗万象，呈天下于方寸之间——版式设计的形式

4.1 恰到好处的版式设计　　　　37

4.1.1	丰脊圆润——满版式	37
4.1.2	一丝不苟——对称式	38
4.1.3	有条不紊——分割式	39
4.1.4	稳中求变——四角形	41
4.1.5	进取与突变——三角形	42
4.1.6	永恒不变——圆形	44
4.1.7	坚定可信——垂直式	45

4.2 活力四射的版式设计　　　　46

4.2.1	流动的视线——曲线形	47
4.2.2	失衡之美——倾斜式	47
4.2.3	魅力四射——放射式	48
4.2.4	多变的层次——重叠式	49
4.2.5	动荡不安——偏心式	52
4.2.6	独树一帜——对角式	52
4.2.7	张弛有度——密集式	53
4.2.8	无拘无束——自由式	56
4.2.9	视线牵引——指示式	57
4.2.10	华丽转身——组合式	58
4.2.11	会说话的文字——文稿式	59
4.2.12	标新立异——特异式	62

教学实践　　　　　　　　　　　66
设计点评　　　　　　　　　　　67
课后练习　　　　　　　　　　　68

第 5 章
如何变成版式设计的空间分配高手——有限空间，无限遐想

5.1 版式设计中空间的概念　　　70
5.2 如何做到游刃有余　　　　　71

5.2.1	主题突出，层次分明	71
5.2.2	组合的多变性	72

5.3 如何使方寸变为汪洋　　　　73

5.4 如何举重若轻	76
教学实践	80
设计点评	81
课后练习	82

第 6 章
奏响版式空间的乐章

6.1 灵活多变的音符——点	84
6.1.1 "点"的形态	84
6.1.2 "点"的构成法则	84
6.1.3 "点"的空间占有	84
6.2 温婉多情之美——线	86
6.2.1 "线"的形态	87
6.2.2 "线"的构成法则	88
6.2.3 "线"的分割	89
6.3 强烈的占有欲——面	91
6.3.1 "面"的形态	92
6.3.2 "面"的构成法则	93
6.3.3 "面"的铺张	93
6.4 欲罢不能的点、线、面组合	95
教学实例	96
设计点评	97
课后练习	98

第 7 章
起承转合的文字效应

7.1 文字的表情	100
7.1.1 传统汉字体系	100
7.1.2 现代创意汉字体系	101
7.1.3 传统拉丁字母体系	101
7.1.4 现代创意拉丁字母体系	103
7.2 错落有致——内文与标题	103
7.2.1 醒目——标题	103
7.2.2 加深主题——副标题	104
7.2.3 内容深化——正文	104
7.2.4 步步深入——引文	104
7.3 有据可依的行间距	104
7.3.1 先来后到——字号	104
7.3.2 让阅读变为可能——字距与行距	105
7.4 限定的格局——分栏	105
7.4.1 为何分栏	105
7.4.2 虚拟的线条——分栏	106
7.4.3 如何体现灵活的分栏体量	106
7.5 非一成不变的整齐划一——文字的对齐方式	107
教学实例	109
设计点评	110
课后练习	111

第 8 章
能说会道的图形图像效应

8.1 一目了然——图形图像的表述	**113**
8.1.1 图形图像的再认知	113
8.1.2 看似简单的构成语言——图形图像构成方式	114
8.1.3 图形图像设计思维表现	114
8.2 张弛有度——图形图像的裁切与组合	**116**
8.2.1 大小组合体现比例	116
8.2.2 重叠组合体现空间	117
8.2.3 满版与裁切体现独创思维	117
8.2.4 分类组合	118
教学实例	119
设计点评	120
课后练习	121

第 9 章
富有情感的肌理元素

9.1 纸张肌理	123
9.2 文字肌理	124
9.3 图形肌理	124
教学实例	125
设计点评	126
课后练习	127

第 10 章
版式设计的多维应用

10.1 书籍应用	**129**
10.1.1 书籍装帧中空白元素的运用	129
10.1.2 封面设计中的文字编排	130
10.1.3 封面设计中的图片编排	130
10.1.4 封面的色彩设计	131
10.1.5 书籍装帧中的开本设计	131
10.2 包装应用	**132**
10.2.1 包装盒的版面构成	132
10.2.2 包装版式设计中的色彩构成	132
10.3 招贴广告应用	**133**
10.3.1 招贴广告的编排表现	133
10.3.2 招贴广告版式设计的特点及要求	134
10.4 报纸应用	**134**
10.4.1 报纸版式设计中的版面模式	135
10.4.2 报纸版式设计的创意	135
10.5 杂志应用	**136**
10.6 户外广告应用	**136**
10.7 企业视觉识别应用	**137**
10.8 网页应用	**137**

第 1 章 历史长河的见证——版式的发展与演变

  版式设计是现代设计艺术的重要组成部分，是视觉传达的重要手段。版式设计的范围涉及包装、网页、书籍（图1-1~图1-3）设计等各类视觉传达设计。表面上看，它是一种关于编排的学问，在预先设定好的版面内，运用造型要素和形式美法则，根据特定主题与内容的需要，将文字、图片（图形）及色彩等视觉传达信息要素进行有组织、有目的的组合排列。好的版式设计可以更好地加强信息传达的效果，并能增强可读性，使经过版面设计的内容更加醒目、美观。版式设计是艺术构思与编排技术相结合的工作，是艺术与技术的统一。

◆ 1-1 咖啡包装

◆ 1-2 网页设计

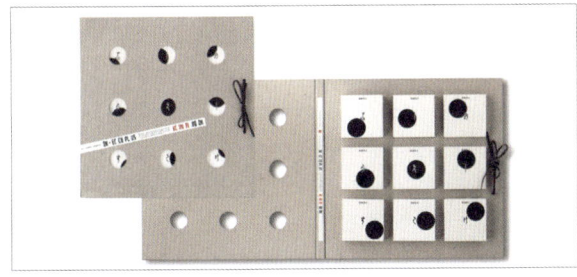

◆ 1-3 书籍装帧设计

受现代设计思想、观念的影响，版式设计的应用范围越来越广泛，它肩负信息传达使命的同时，也在传递新的思想和观念，追求新颖、独特的个性表现，寻求强有力的视觉冲击力，这已成为版式设计的流行趋势，多元化与视觉化成为版式设计的两大特点。

版式设计的发展是一个相对漫长的过程。早期受媒介限制，人们追求尽量多地传递信息，版式设计被视作配角，并没受到人们的关注，所以在版式设计方面，多以满版型为主要排版方式。

20世纪初的设计界可谓百花齐放，主要经历了四个时期。第一时期，以立体主义、未来主义、达达主义、装饰主义为代表；第二时期，以"一战"之后兴起的俄国构成主义、荷兰风格派和德国包豪斯三个设计运动为代表；第三时期，以"二战"之后的国际主义为代表；第四时期，以后现代主义设计风格及电脑、网络等多元化的媒介传播方法为代表。

（1）克己守法的表现——早期人类版式设计

早期人类文献中的编排设计是将文字用线条进行分割，使画面出现一种节奏和韵律。版式设计作为一种文化现象，已深入人们的日常生活中。最早可追溯至公元前14000年左右的拉斯考克山洞（Lascaux）壁画（图1-4），以及在公元前300~400万年诞生的书写语言，两者都是平面设计史上重要的里程碑，对其他以平面设计为基础的相关领域来说也非常重要。

凯尔经（Book of Kells）是早期平面设计的范例之一。这是一本有着华丽装饰文字的圣经福音手抄本，约在公元800年由凯尔特修士制作（图1-5）。

◆ 1-4 拉斯考克山洞（Lascaux）壁画

◆ 1-5 凯尔经（Book of Kells）

（2）意境之笔——中国与东方古代版式设计

版式设计与印刷技术相辅相成，中国最早的印刷技术源自唐朝（公元618—906年），运用雕刻过的木板在纺织品上印制图案，随后这一方法也用于印制佛教经典。在868年印制的佛经是目前所知最早的印刷书籍。到了宋朝（公元960—1279年），毕昇发明了活字印刷术（图1-6），卷轴和书本能够方便地印制更多文字，因此让印刷书籍广泛地普及。

◆ 1-6 活字印刷

（3）经典再现——工艺美术运动

工艺美术运动反对维多利亚时期阴柔繁复的设计风格，推崇自然主义和东方风格；提倡手工制品，反对工业量产化。工艺美术运动对建筑、家具设计、染织、陶瓷及平面设计（图1-7）等领域均产生了很大的影响。尤其在平面设计方面，在莫里斯的影响下，在美国和其他欧洲国家迅速发展开来，出现了包括马克穆多于世纪行会出版的《玩具马》等优秀作品，也影响了很多之后的平面设计家和插图画家。

◆ 1-7 工艺美术运动时期的平面设计作品

（4）自然清新——新艺术运动与装饰艺术风格

新艺术运动（Art Nouveau）是19世纪末20世纪初在欧洲和美国发展起来的一次影响广泛的装饰艺术运动。此时的平面设计的版式、构图较为拘谨，大多受宗教读物和手抄羊皮书的版式结构影响较大，字体的设计讲究比例，并且纹样设计稍显花哨。在新艺术运动时期，在排版布局上提倡简单明了的美学标准，版式构图相对自由。构图时以人和物占据主导地位，在占据主导地位的人或物的周围多以连续性对称性的植物花纹围绕着旋转（图1-8）。将文字的比重最小化，浓缩成简洁的口号，文字一般位于图片的上方、左下角、右上角或者侧边。

◆ 1-8 新艺术运动时期的平面设计作品

（5）现代躁动——未来主义运动、达达主义

未来主义运动发端于20世纪初的意大利，是绘画、雕塑和建筑领域的一场运动。这个时期对工业化极端膜拜，无政府主义思想非常盛行，反对任何传统艺术形式，极端追求个性自由。

在版式设计编排上，更是旗帜鲜明地反对正规严谨的排版方式，提倡毫无拘束的版式设计，将文字及大小写字母混搭排列，随意组合。在未来主义时期，文字不再是表达内容含义的媒介，它本身就变成了一种视觉元素与符号。在国际主义风格成形之后，未来主义基本被主流设计界否定。但在20世纪90年代，随着世界经济发展的多元化，未来主义又被设计界重新重视，成为时尚设计的标志。（图1-9）。

▲ 1-9 未来主义时期的作品

达达主义（Dada或Dadaism）是因人们对战争的绝望和战后社会的迷茫而在欧洲和美国出现的高度无政府主义思想的艺术运动，涉及视觉艺术、文学（主要是诗歌）、戏剧和美术设计等诸多领域，是第一次世界大战颠覆、摧毁旧有欧洲社会和文化秩序的产物。它试图通过废除传统的文化和美学形式发现真正的现实，主张破坏就是创造。

在编排设计上，用照片和各种印刷品进行拼接、组合，再设计，体现随机性和偶然性，荒诞且杂乱。正是这种无规律、自由化的设计方法导致设计师无法创造出一套完整的可以实践的版式编排方法，但他们的大胆尝试与勇于突破的精神对以后的设计师产生了巨大的影响（图1-10）。

▲ 1-10 达达主义风格的作品

（6）冷峻严谨与功能至上——早期现代主义和瑞士现代主义

现代主义设计风格是指20世纪20年代前后在欧洲出现的三个重要核心运动，分别是俄国构成主义（图1-11）、荷兰风格派（图1-12）和德国包豪斯（图1-13），成为现代设计思想和形式的基础。构成主义在意识形态上提出设计为无产阶级服务；风格派基于美学原则探索的单纯美学运动；包豪斯是学院派的代表。三个运动相互影响，形成了欧洲现代主义设计观念的基本结构，成为战后"国际主义"的基础。

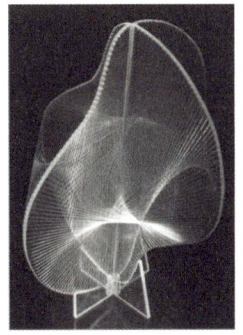

▲ 1-11 构成主义作品　　▲ 1-12 荷兰风格派作品

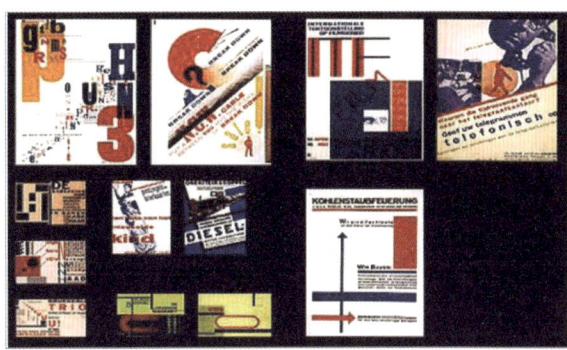

▲ 1-13 包豪斯风格的作品

（7）多元与自由——后现代主义

后现代主义（Postmodernism）是20世纪70年代后被神学家和社会学家经常使用的一个词。后现代主义源自现代主义，但又反叛现代主义，反对"少则多"的减少主义风格，主张以装饰的风格来丰富视觉感受。在20世纪80至90年代，电脑、网络等媒介的普及给视觉传达提供了极大的方便，提高效率的同时节约了时间成本，使视觉传达设计从二维静态发展到了交互动态，为未来的视觉传达设计发展提供了更多可能性（图1-14）。

▲ 1-14 书籍封面设计作品

教学实践

通过本章的学习，我们了解了版式设计的概念、历史及发展过程。下面我们将对西点宣传单页版式进行分析（图1-15~图1-18）。该案例针对同一主题采用4种排版形式，分别将主体图片突出、放大，使版式视觉中心清晰、明朗。

◆ 1-15 主体图片突出
该版式的主体对比关系层次清晰，有效传递了主体信息，文字编排在图片左侧，具有解释说明的作用，在阅读时能快速地了解版式信息，体现版式设计的信息传递功能。

◆ 1-16 突出图片之间的比例关系
根据版式的需要，放大主体图片，强调其与其他三张图片的对比关系，增添了版式的活跃感，使版式设计更灵动。

◆ 1-17 局部放大直点主题
该版式采用局部突出的手法直点主题，放大突出的主体，使版式具有强烈的视觉冲击力。

◆ 1-18 平均分布、视觉冲击力较弱、主次不清晰
该版式采用图片大小相同的编排方式，成为系列产品宣传版面，通篇版式没有特别强调的主体，因此没有起到突出主体产品的作用，视觉冲击力较弱。

设计点评

版式设计由图形、色彩、文字三大元素组成。版式设计的发展历程随着工业化的进步,特别是印刷业和出版业的繁荣,出现了许多有代表性的设计作品。版式设计在招贴设计中尤为重要,这里运用感性的对称、均衡等编排、设计原理,对大师的作品进行系统品评,以感悟版式设计的规律(图1-19~图1-20)。

◆ 1-19 福田繁雄《F》系列招贴作品
福田繁雄《F》系列招贴作品的画面主体为福田大师名字的首字母F。该招贴以F为基本形状,图形和文字沿主图形错落有序地组合,运用竖向视觉流程的编排方式引导读者的视觉从主要内容开始依次观看下去。同时运用同类设计元素在不同面积、不同位置的交替变化,使整个版式产生如音乐般的节奏感和韵律感,形成简洁而强烈的视觉冲击力。

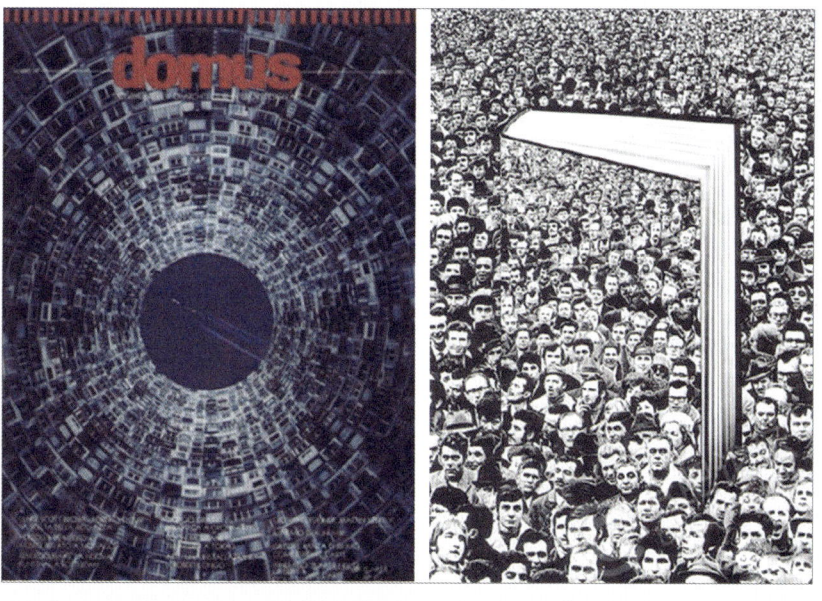

◆ 1-20 冈特兰堡招贴作品
冈特兰堡设计的作品追求平面以外的视觉效果。将元素铺满整个版面,视觉冲击力强且非常直观。根据版面的需求编排文字,整体感觉大方、直白、层次分明。

课后练习

这里收集国内外各时期的设计作品,分析其版式设计的特点,加深对版式设计概念的理解(图1-21~图1-22)。

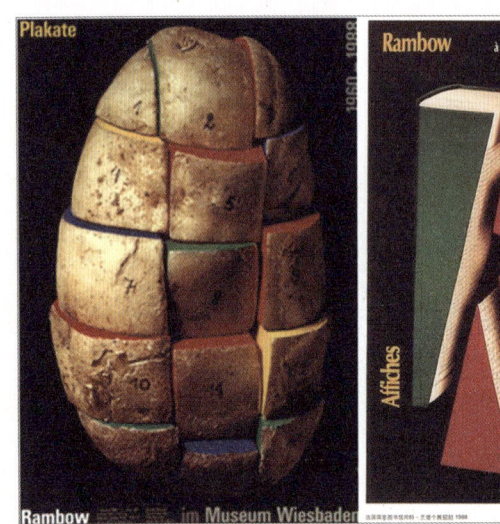 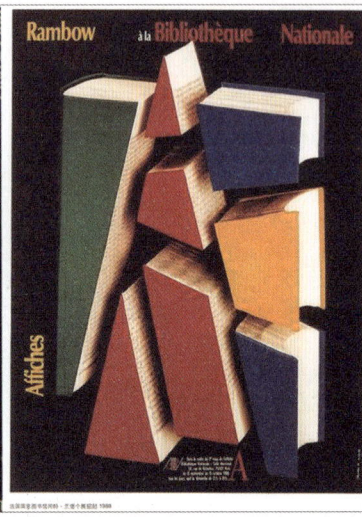 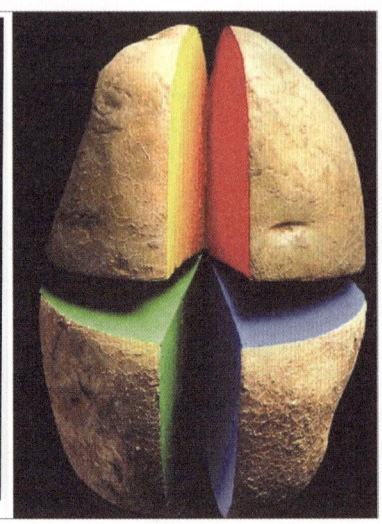

◆ 1-21 冈特兰堡大师设计作品欣赏

冈特兰堡的作品运用了相似、对比、承接、特异、渐变等多种表现手段,对空间形态起到装饰作用,在平面上营造出三维空间的效果,用最简单的视觉语言表达出深刻的内涵。整幅版式运用满版形式突出主体,画面整体风格单纯、简洁明了。

◆ 1-22 靳埭强大师设计作品欣赏

靳埭强主张把中国传统文化的精髓融入西方现代设计的理念中去。在版式设计中采用大量留白,使观者产生一种沉静空灵的感觉。

第 2 章 别样的诉说语言——心灵之窗

　　版式设计是指设计师依据设计主题和视觉元素要求,在有限的版面上将设计元素视觉化。版式设计的功能并不仅仅在于美化版面、吸引读者注意,更应体现诉求流程合理、传达信息准确等特点。版式设计应用范围广泛,涉及报纸、杂志(图2-1)、产品样本、书籍(画册)、展架、招贴(图2-2)、网页广告(图2-3)等领域,使人们在阅读中感受到有限空间包含的无限意趣,从而达到"润物细无声"的效果。

◆ 2-1 版式设计在杂志设计中的应用

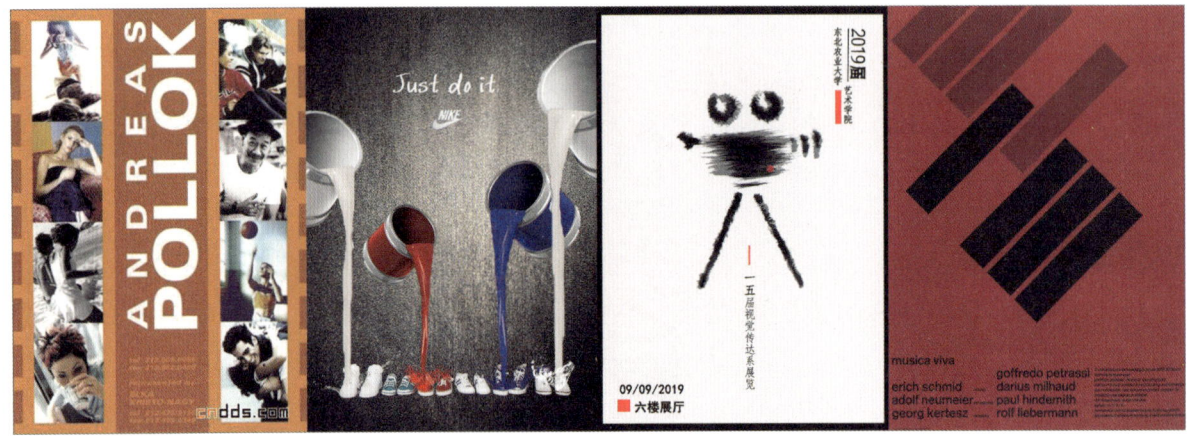

◆ 2-2 版式设计在招贴设计中的应用

◆ 2-3 版式设计在电商设计中的应用

2.1 无规矩不成方圆
——版式设计的组织原则

版式设计的组织原则是区域中设计元素的有序化，其中涵盖形式、内容、逻辑等方面的有序化，可采用分类、分区、分栏等多种分割方式（图2-4）。从图文之间的布局看，可用上下分割、左右分割、边框分割等方法将版面分割为多重子区域；从内容视觉流程组织看，可采用线性编排、重复编排、以中心为重点的编排、对称与均衡的编排、重叠编排、边框式编排、散点式编排等多种编排方法；从图文绕排方法看，有集中式、分散式、连贯式、断裂式、装饰式等方法（图2-5）。

◆ 2-4 版式设计分割形式

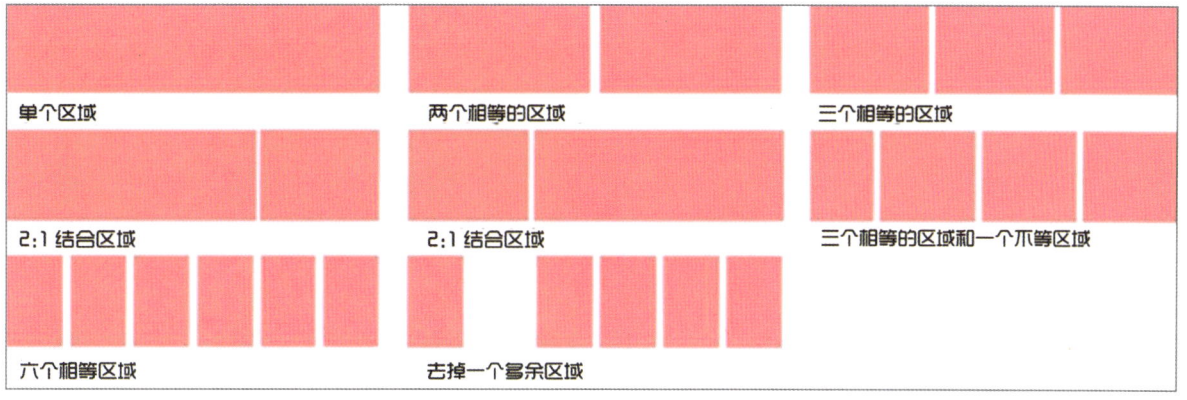

◆ 2-5 版式分布区域

2.1.1 由内而外——整体性

版式设计是传播信息的桥梁，强调版面的协调性，也就是各种编排要素在版面中的结构以及色彩要具有关联性。版式设计中图形文字与空白的空间，一虚一实，表达节奏，形成了视觉上的美感。只有把形式与内容合理地统一，强化整体布局，才能使整体与局部达到和谐统一（图2-6~图2-7）。

◆ 2-6 整体性在电商中的应用

◆ 2-7 整体性在电商中的应用

2.1.2 一目了然——主体性

按照主从关系的顺序，使放大的主体形象作为视觉中心，表达主题思想。对文案中的多种信息进行整体编排设计，有助于主体形象的建立。在主体形象四周留白，使被强调的主体形象更加鲜明突出（图2-8）。对主体进行特写展示，文字依次编排在右侧，整个版式简洁明了、主体突出，具有很好的视觉信息传递功能（图2-9）。主体性设计多用于商业宣传和摄影中，可以更好地突出主题。

◆ 2-8 主体性在菜单设计中的应用

◆ 2-9 主体性在商品宣传中的应用

2.1.3 物以类聚——群化性

群化构成是以基本形为一个形象单位，以特定的构成法则，使多个基本形之间以不同的数量、不同的组合方式相互联合，派生出独立形态的新造型（图2-10）。基本形的形态要简练、概括，数量必须在两个以上，但也不宜过多。群化后的新形象要有简练、醒目、完整、美观，避免零碎的细节。如果基本形是几何形（图2-11）。除形象要简练外，还要注意它的长宽比例。基本形在群化的过程中，应用广义对称形式的原理，即运用移动、回转、镜像、扩大的方法，尝试进行不同的编排和组合，以便形成多种新的形态。

◆ 2-10 群化性构成

◆ 2-11 群化性版式设计

2.1.4 虚实相生——空白性

在版式设计中，空白具有重要的地位和价值。空白在产生版面和谐与美感、营造氛围简洁与轻松、激发读者联想与创造等方面具有明显的优势。恰当合理地运用空白，使读者能更好地凝聚视线，使版式更具有视觉冲击力。讲究空白之美，具有丰富版面层次，营造意境，调节视觉心理，创造无限的想象空间（图2-12~图2-13）。

◆ 2-12 空白性在版式设计中的应用

◆ 2-13 突出主题、视觉冲击力强

2.1.5 和睦共处——邻近性

邻近性就是将版式中的文字、图片等元素分类，每一个分类作为一个视觉单位，而不是众多孤立的元素，以实现页面的组织性和条理性，便于阅读。同时还要注意，不要在画面中有太多留白，并且视觉单位之间也要建立某种联系，一个页面上的视觉单元一般不超过5个（图2-14~图2-15）。

◆ 2-14 邻近性在招贴设计中的应用

◆ 2-15 邻近性在书籍装帧中的应用

2.1.6 共性与差异——近似与对比

近似指相像而不相同。有相似之处形体之间的构成，寓"变化"于"统一"之中是近似构成的特征。在设计中，一般采用基本形体之间的相加减来求得相似的基本形骨骼形式。近似构成的骨骼可以是重复或是分条错开，但主要是以基本形的近似变化来体现的。对比指把两种对应的事物对照比较，使形象更鲜明，感受更强烈。此种版式不以骨骼线为主，而是靠基本形的大小、形状、方向、色彩、肌理等方面的对比，重心、空间、有与无、虚与实的关系元素对比，给人以强烈、鲜明的感觉（图2-16）。

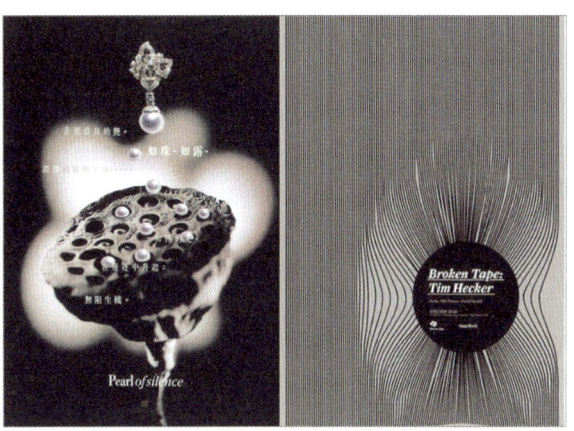

◆ 2-16 近似与对比在招贴设计中的应用

2.1.7 本原与升华——节奏与韵律

节奏与韵律是音乐中的词汇。在一首乐曲中，音符的起落、轻重、长短的组合，匀称的间歇或停顿，就是节奏。这种形式被现代版式设计所吸收，按照一定的条理、秩序、重复连续地排列，形成一种律动形式。以渐变、大小、长短、明暗、形状、高低等方式呈现，可以增强版面的感染力（图2-17）。同时在节奏中注入美的因素和情感个性化，就有了韵律，韵律就好比音乐中的旋律，不但有节奏更有情调，它能开阔艺术的表现力，在视觉上产生更好的律动感（图2-18）。

◆ 2-17 节奏与韵律增强感染力

◆ 2-18 节奏与韵律在书籍装帧、招贴设计中的应用

2.1.8 宁静与和谐——对称与均衡

自然界中到处可见对称的形式，如人的身体、花木的叶子等。对称的形态在视觉上有自然、安定、均匀、协调、整齐、典雅、庄重、完美的朴素美感，符合人们的视觉习惯。在构图中，对称的形式有以中轴线为轴心的左右对称；以水平线为基准的上下对称和以对称点为源的放射对称；还有以对称面出发的反转形式。均衡的形态设计让人产生视觉与心理上的完美、宁静、和谐之感。静态平衡的格局大致是由对称与平衡的形式构成。对称又称"均齐"，是在统一中求变化；平衡则侧重在变化中求统一。两个同一形的并列与均齐，实际上就是最简单的对称形式。对称是同等同量的平衡（图2-19~图2-20）。

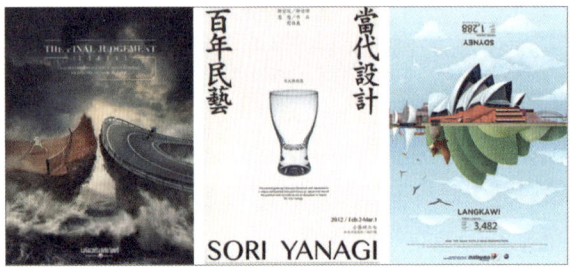

◆ 2-19 左右对称、中心对称、上下对称

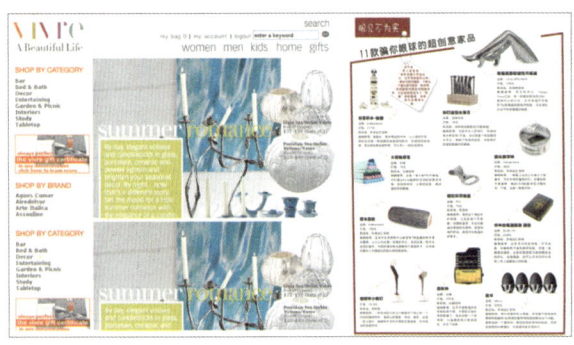

◆ 2-20 均衡设计在版式设计中的应用

2.2 如何标新立异——版式设计的特征

版式设计的本意就是让技巧与审美同时起作用，一个成功版式的特征是将不同的元素用一种适合观看的方式组合在一起。版式设计在文字与图形的组合、搭配方面，已不是简单和平淡的罗列关系，而是更具有积极的参与性和创意表现性，与图形达成最佳配置关系来共同表现思想及情感。将主题思想的创意与编排技巧相结合的形式，已成为现代编排设计的发展趋势（图2-21~图2-22）。

◆ 2-21 以字体为设计元素的招贴设计

◆ 2-22 商业宣传设计

2.2.1 信息传播承载者——直接性

版式设计的直接性不是简单地对图形元素、版式的划分，而是要求设计师充分考虑设计作品的适应范围和信息传播的特定目的等客观因素，将所需传播的内容概括成简练的表现元素

（图2-23）。通过对图像元素的合理化的艺术处理，高度浓缩传播的内容，突出图形元素的象征意义，提升其在版面中的视觉地位，高效地传播所承载的信息。

◆ 2-23 直接突出设计信息的版式设计

2.2.2 信息的延续——指示性

版式设计的指示性往往是和一定的商品或是其所要装饰的对象联系在一起的。从现代社会的信息传播情况来看，商业活动节奏的加快无疑对进入市场的产品、企业形象设计、展示方式和相应的其他文化活动提出了更高的要求。现代商业版式作为具体的视觉传播方式，承载着对上述诸多主体的宣传和指示功能（图2-24）。

◆ 2-24 指示性版式设计

2.2.3 有据可循——规律性

任何艺术设计都有其必须符合的规律，版式设计也不例外。形式美的规律要求版式设计在布局方面追求图形元素的完善，合理、有效地利用空间，有规律地组织、排列图形，产生秩序美。这种布局要求图形元素之间相互依存，相互制约，融为一体，满足具体版式的要求（图2-25）。

◆ 2-25 版式设计的规律性

2.2.4 赏心悦目——艺术性

版面的装饰元素有文字、图形、色彩等，通过点、线、面的方式组合与排列构成，并采用夸张、拟人、象征等手法来体现视觉效果，既美化了版面，又增强了传达信息的功能。为了使版式设计更好地为版面内容服务，不同类型的版面，具有不同的装饰形式，不仅起着突出版面信息的作用，而且能使读者从中获得美的享受。所以说，版式设计是对设计者的思想境界、艺术修养、技术知识的全面检验（图2-26）。

◆ 2-26 艺术加工后的招贴设计

2.2.5 独具匠心——创意性

版式设计中的创意性主要是指表现形式的新颖，这是一种活泼性的版面视觉语言。创意性原则实质上是突出个性化特征的原则。鲜明的个性是版式设计的创意灵魂。如果版面本无多少精彩的内容，就要靠制造趣味取胜，要敢于思考，敢于别出心裁，敢于独树一帜，才能赢得读者的青睐（图2-27）。

◆ 2-27 版式设计的创意性

2.3 核心——版式设计的基本原理

版式设计最主要的功能是有效传递信息。因此,设计师在进行版面编排时就要根据人的视觉规律处理好信息传达的主次关系,这不仅是一种技能,更实现了技术与艺术的高度统一,使版面编排在实现人的视觉功能基础上引导受众视线并使其逐步接受信息。版式设计是现代设计者所必备的基本功之一(图2-28~图2-29)。

2.3.1 抢占先机——版面占有率

一个版面中必定有版心。版心就是除去天头、地脚和左右页边距的区域,也是页面内容的摆放空间(图2-30)。版面率就是版心所占页面的比例,即版面利用率。版心的面积非常大,四周的余白少,版面的利用率高,即版面率就高(图2-31)。较高的版面利用率给人充满活力的印象。反之版心面积小,版面率就低。较低的版面率容易给人典雅或是高级的视觉效果。

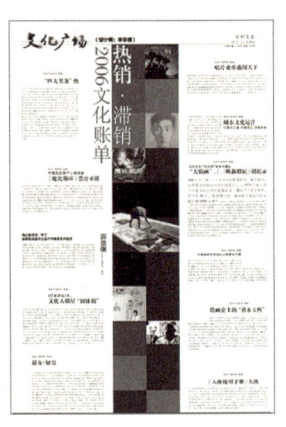
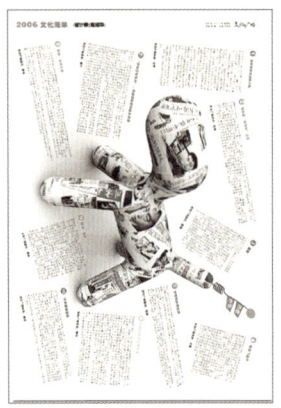

◆ 2-28 高占版率设计

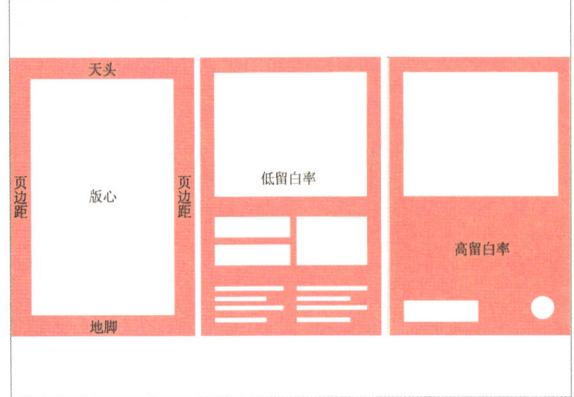

◆ 2-29 版心与留白率

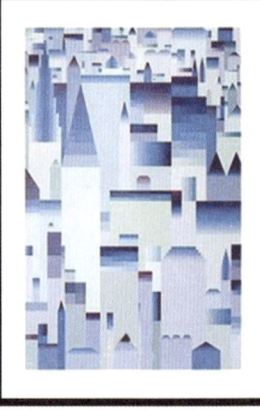

◆ 2-30 低留白率　　◆ 2-31 高留白率

2.3.2 合理规划——版式设计的视觉流程

视觉流程设计是视觉随各元素在版面空间运动的轨迹。这是因为人的视野极为有限,不能同时感受所有的物象,必须按照一定的流动顺序进行运动,以感知外部环境。在版式设计中分为6种视觉设计流程,分别是单向视觉流程、重心视觉流程、导向视觉流程、反复视觉流程、曲线视觉流程、散点视觉流程。综合运用以上方法,是每个成功的设计案例所具备的重要条件(图2-32)。

◆ 2-32 视觉流程的应用

(1)单向视觉流程

单向视觉流程强调逻辑,注重版面的清晰脉络,似乎有一条线、一股气贯穿其内,诱导读者从主要内容开始依次观看下去,使页面的流动更为简明、直接,也使整个版面的运动趋势更有"主体旋律",形成简洁而强烈的视觉冲击力。单向视觉流程包括三种方式:竖向视觉流程,具有稳定性的构图,视觉流向简洁有力,在引导读者视线流向的同时给人以直观、坚定之感(图2-33);横向视觉流程,主要视线是水平的,具有温和的画面情感,视线依横向的水平线左右移动,给人以稳定平和的视觉感受(图2-34);斜向视觉流程,视线主要在右上角与左下角之间移动,以不稳定的动态引起注意,稳固而有动态的构图,给人动感和韵律(图2-35)。

可以对文字进行诗性化处理，对观者产生自觉的视觉向导作品（图2-37），手势导向通过指示性的箭头、手指或具体实感的线条来引导视线，手势导向比文字导向更容易理解，且更具亲和力（图2-38）。形象导向及视线导向往往以图片中人或物的朝向来引导观者的视线，如人物的目光方向，线条的朝向等（图2-39）。

◆ 2-33 竖向视觉流程

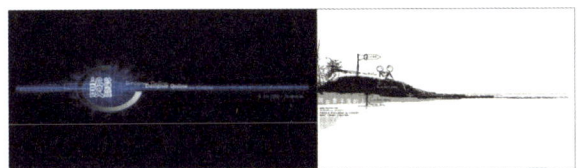

◆ 2-34 横向视觉流程

◆ 2-35 斜向视觉流程

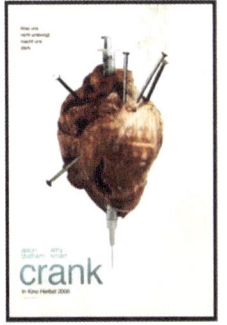

 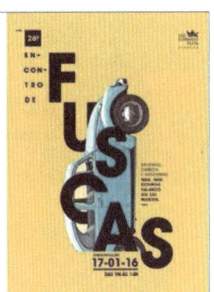

◆ 2-36 重心视觉流程

（2）重心视觉流程

在一个版面中，视线常常迅速由左上角到左下角，再通过中心部分从右上角经右下角，然后回到整个版式最吸引眼球的那一点，这个点就是视觉的重心。视觉重心有稳定版式的效果，可以使版式具有平稳的视觉效果，给人可信赖的心理感受。根据版式所表达的含义来决定视觉重心的位置，能更好、更准确地传达信息（图2-36）。

（3）导向视觉流程

所谓导向视觉流程，即主动引导读者视线沿一定方向顺序运动，由主及次，引导读者按照自己的思路贯穿整个版式，形成一个整体的、统一的画面。导向视觉流程的导线有虚有实，表现亦是多种多样，如手势导向、文字导向、形象导向及视线导向等。文字导向通过语义的表达产生理念上的导向作用，也

 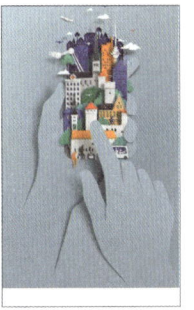

◆ 2-37 文字导向视觉流程　　◆ 2-38 手势导向视觉流程

◆ 2-39 视线导向视觉流程

（4）反复视觉流程

反复视觉流程是指相同或相似的视觉元素按照一定的规律有机地组合在一起，虽然不如单向、曲线和重心视觉流程的运动强烈，但更富韵律感和秩序美。可使视线有序地构成规律，沿着一定的方向流动，引导读者的视线反复浏览，以此来强调主题。这种视觉流程适用于安排许多分量相同的视觉元素，反复视觉流程重复的可以是图片，也可以是标题或者标志等。不但能吸引观者的眼球，还能使整个版面更有生气（图2-40）。

之感。编排散点组合时，要注意图片大小、主次的搭配、方形图与去底图的搭配，同时还应考虑疏密、均衡、视觉方向等因素。散点视觉主要分为发射型和打散型。发射型具有一定的方向规律，发射中心就是视觉焦点，所有元素都向中心集中或由中心散开，具有强烈的视觉效果；打散型就是把一个完整的东西分成几个部分，然后根据版式设计构成原则进行组合（图2-42）。

◆ 2-41 曲线视觉流程

◆ 2-40 反复视觉流程

（5）曲线视觉流程

曲线视觉流程是各视觉要素随弧线或回旋线而变化运动的视觉流动。曲线视觉流程虽然不如单向视觉流程直接简明，但比单向视觉流程更具明显的节奏和韵律之美，微妙而复杂。可概括为弧线形C和回旋形S，其表现为两种形式：弧线形，依弧形迂回于画面，可长久地吸引观者的注意力，具有扩张和一定的方向感，回旋形可将相反的条件相对统一，两个相反的弧线产生矛盾回旋，在平面中增加深度和动感，所构成的回旋也富于变化（图2-41）。

（6）散点视觉流程

散点视觉流程指版面中的图与图、图与文等元素之间形成一种分散、没有明显方向性的编排设计，版式充满自由轻快

◆ 2-42 散点视觉流程

教学实践

通过对版式设计的组织原则、特征及基本原理的学习,大家对版式设计有了更深层次的了解。下面通过时尚杂志的版面设计编排类型与视觉流程的安排,分析版式设计如何产生最佳视觉效果(图2-43~图2-46)。

◆ 2-43 高占版率低留白率
该版式的版面利用率较高,文字、图片元素占比较大,整个版式的留白率较低。同时,图文大小的比例也泛指近大远小产生的空间层次感。在版式设计中,放大标题文字、主体形象,缩小次要形象、说明文字,以此建立良好的空间强弱关系,增强版式设计的节奏感和明快性。

◆ 2-44 图、文元素在版式设计中的排列应用
版面以图片为背景,文字重叠其上,使版式具有强烈的空间感。在杂志的版式设计中,设计师们应该遵循在统一中求变的设计原则。表达严肃、严谨的内容时,图文的排列应当整齐稳健。内容充满生机和商业气息时,版面排列应当紧凑活泼。

设计点评

视觉流程设计是视觉随各元素在版面空间运动的轨迹。这是因为人的视野极为有限，不能同时感受所有的物象，必须按照一定的流动顺序进行运动，来感知外部环境。

◆ 2-45 《生存》系列招贴　作者：赵进

《生存》系列招贴从四个不同的角度阐释主题。独幅招贴一般一幅就可以将主题表达清楚，当表现力度不够时，可采取系列形式。本套公益招贴采用单项流程的设计方式，元素在版面空间的运动清晰、醒目。

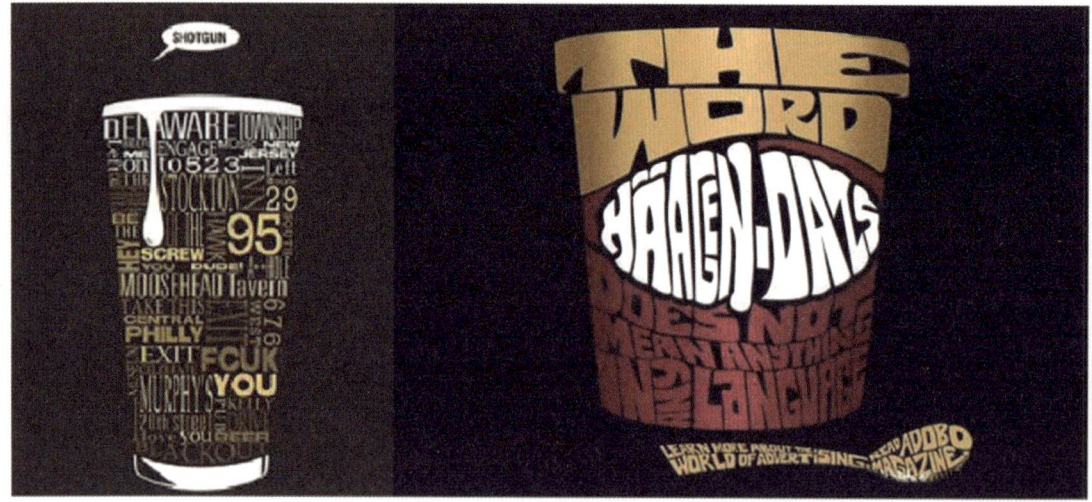

◆ 2-46 中轴型版式设计

通过使用轴线可以轻松地将页面元素设置为不同重量的版块，视觉冲击力强且非常直观，整体感觉大方、直白、层次分明。垂直排列的版面给人稳定、安静、平和之感。

课后练习

1、应用所学知识原理，以招贴设计为例进行点、线、面编排练习（图2-47）。

2、试对版式里的元素进行编排，练习版式设计的视觉流程编排方式（图2-48）。

◆ 2-47 点、线、面编排练习
左图中，可将桥面看作整个版面的线结构，桥上的车便是点元素，桥下的自然环境可以理解成为面元素，以桥梁为主体贯通南北，更好地突出主体。中图中，文字作为点元素，人物和背景是面元素，箭头是连接点和面的线元素，使整幅版式更加灵活。只有合理搭配点、线、面元素才能设计出更好的版式。

◆ 2-48 视觉流程编排练习
这三个版面分别采用反复视觉流程、S形视觉流程和导向视觉流程，分析主题，恰当合理地运用视觉流程，使观者能更好地凝聚视线，突出主体。

第 3 章
从画地自限到破茧而出——网格设计的尺度与突破

  网格设计是现代版式设计中最重要的基本构成元素之一,其特点是运用数字的比例关系,通过严格的计算把版心分为无数统一尺寸的网格,使版面按照一定的节奏变化,产生优美的韵律关系。网格设计将版面的构成元素(如点、线、面)协调一致地编排在版面中,广泛应用于杂志、画册、门户网站、UI设计等平面设计领域(图3-1~图3-3)。

◆ 3-1 网格设计在现实生活中的应用

◆ 3-2 网格设计在网页中的应用

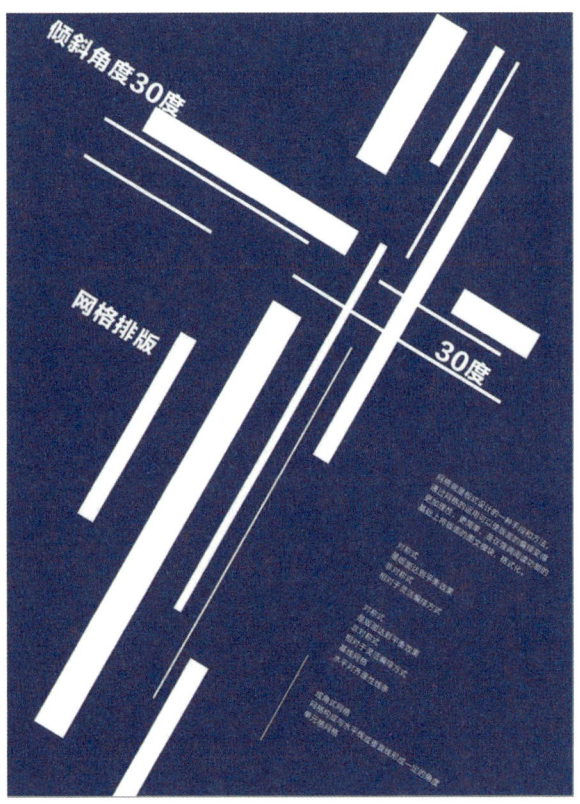

◆ 3-3 成角网格在海报设计中的应用

3.1 自我约束——如何定义网格

网格设计亦称网格系统，是现代版式设计众多表现形式中最为重要的一种，产生于20世纪初的西欧诸国，完善于20世纪50年代的瑞士，强调版面空间划分的比例关系，调理各元素间的秩序，强化逻辑关系的和谐性。其实网格在版式中是隐形的，但网格形式却是真实存在的，我们可以将其理解为版式设计的规范化。

3.1.1 定义的网格

网格是版式设计中的骨骼，是设计的辅助工具。为满足当今时代信息量大而快速传播的要求，网格系统在版式设计中已经越发引起人们的重视，因此有必要对其构建方法进行探讨，目的是在设计版式时能够更好地把握页面的空间感与比例关系（图3-4~图3-6）。

◆ 3-4 空间感网格

◆ 3-5 网格的辅助应用1

◆ 3-6 网格的辅助应用2

3.1.2 独树一帜的网格特点

网格系统是用来合理划分空间与元素位置关系的工具。通过严谨的计算，把版心划分为无数统一尺寸的网格，在版式设计中统称两栏或多栏网格，然后把文字、图片等元素安排其中，为版式设计带来秩序上的美感（图3-7）。网格系统在实际运用中具有科学性、严谨性、简洁性、质朴性等特点。但如果没有用好网格，也会给版面带来呆板的负面影响。

◆ 3-7 单元格网格在日历中的体现

3.1.3 不可替代的网格功能

网格的基本功能是组织页面中的信息，利用网格系统为排版的文字、图片等制造层次感，模块化地管理元素。合理地利用网格系统，非但不会使画面千篇一律，还可以让版面井井有条（图3-8）。通过了解人们的浏览习惯可以发现，使用网格系统辅助设计，可以让电脑、手机等电子产品屏幕上的信息更通俗易懂，让网页设计更美观，让人感觉舒适，同时还可以增加页面的实用性，实现更好的用户体验。

◆ 3-8 对称网格在广告设计中的应用

3.2 定义的美感——网格的类型

网格系统能够将原本复杂的版式编排变得更加简单易懂、有章可循。无论是哪种文字和图片类型，通过网格都能看出版面的分割情况。它为整个设计过程带来秩序感、协调感，并提高了操作的效率。在版式设计中，网格主要表现为对称网格和非对称网格两种（图3-9~图3-10）。

◆ 3-9 对称网格

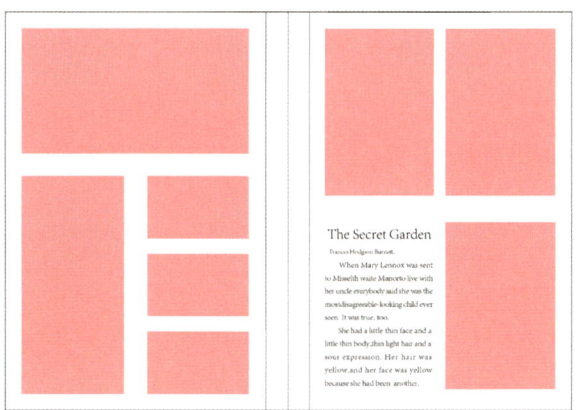

◆ 3-10 非对称网格

3.2.1 对称网格

对称网格又称对称栏状网格。其中"栏"指的是文字印刷的区域，可以使文字按照一种方式编排。它的应用范围主要为左右两个版面或一个对开页，即左右两页的页面结构完全相同，互为镜像。它们有相同的页边距、网格数量、版面安排等，对称网格能够有效地组织信息、平衡版面，整体效果稳定协调。但如果大量重复使用对称式网格，容易给人乏味呆板的印象，引起视觉疲劳，我们可以通过适当添加其他页面元素使版面更加灵活、更具活力。对称网格通常分为单栏对称网格、双栏对称网格、三栏对称网格和多栏对称网格（图3-11~图3-12）。

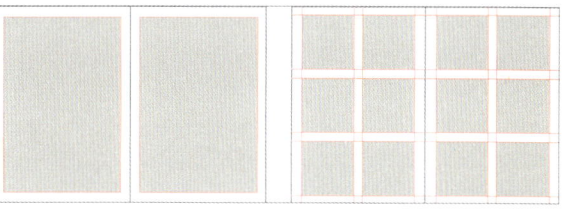

◆ 3-11 对称栏状网格　　　　　　对称单元格网格

   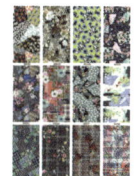

◆ 3-12 对称栏状网格在杂志中的应用　对称单元格网格在杂志中的应用

（1）单栏对称网格

单栏对称网格，即通栏排版，除换行和换段之外，不对版式进行任何处理，简洁明了（图3-13~图3-14）。但这种文字编排过于单调，容易造成阅读疲劳。因此只适用于开本比较小的文字性书籍，如小说、文学著作等。每一行的字数一般不超过60个。如果是杂志、报刊等大开本的出版物，则容易在阅读时导致跳行的困扰，不符合阅读习惯。

◆ 3-13 单栏对称网格

◆ 3-14 单栏对称网格的应用

（2）双栏对称网格

双栏对称网格将版心从中间平均分为两个部分，能够更好地平衡版面，缓解因阅读大量文字而产生的枯燥感，使阅读更加流畅，在杂志的版式设计中最为常见（图3-15~图3-16）。但这种网格缺乏变化，文字的排列又相对密集，会使画面显得过于严肃，使用时可以通过图片的穿插来增强版式的变化。

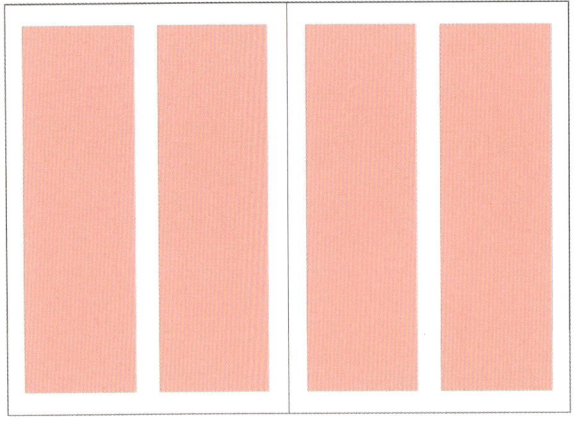

◆ 3-15 双栏对称网格

◆ 3-16 双栏对称网格的应用

（3）三栏对称网格

三栏对称网格将版面分为三栏，这种结构适合文字量较大的版面，是使用率很高的版式，在杂志中十分常见（图3-17~图3-18）。这种版式可以有效缓解因每行字数过多而造成的视觉疲劳，使版面更活跃，具有更丰富的变化。

◆ 3-17 三栏对称网格

◆ 3-18 三栏对称网格的应用

（4）多栏对称网格

是较为灵活的网格类型，这种排列方式可以根据文字的字号等因素自行安排栏数，但左右两页的栏数必须相同（图3-19~图3-21）。这种类型的网格系统常用于类似表格形式的文字，如术语表、目录、联系方式、数据统筹等，不适合正文的文字编排。

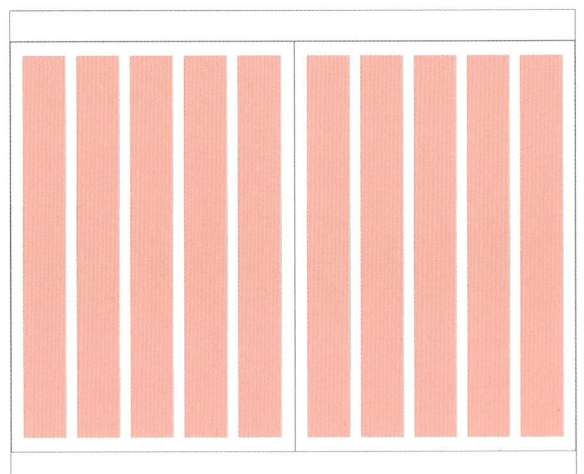

◆ 3-19 五栏对称网格

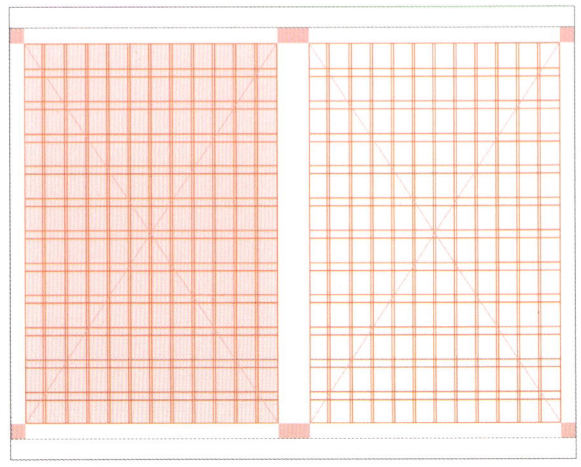

◆ 3-20 十二栏对称网格

◆ 3-21 多栏对称网格的应用

3.2.2 非对称网格

非对称网格主要分为非对称栏状网格和非对称单元格网格两种，虽然左右排版采用了同一种编排方式，但并不像对称网格那样严谨，在页面的整体性方面会有偏左或偏右的倾向出现。在版式设计中，非对称网格也可以根据版式的具体需要，灵活调整网格栏的大小比例，使设计的整体效果更加生动、灵活。非对称网格一般多用于散页的排版设计（图3-22~图3-23）。

◆ 3-22 非对称单元网格

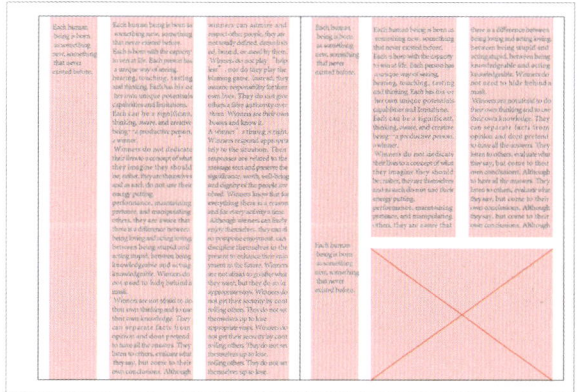

◆ 3-23 非对称栏状网格

（1）非对称栏状网格

非对称栏状网格是指在版式设计左右对页的网格栏数基本相同，但左右的页面的版式并不像对称网格那样呈镜像对称。非对称栏状网格左右两页的页边距也有可能是不对称的（图3-24）。

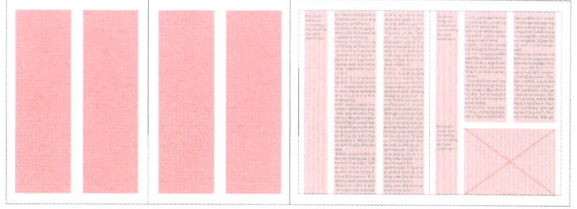

◆ 3-24 非对称单元网格

（2）非对称单元格网格

非对称单元格网格是版式设计中较为基础的一种。有了单元格的划分，设计师们可以根据版式的需要，将文字或图片元素编排在一个或几个单元格中，也可以将数个单元格合并使用，并严格按照单元格的大小进行排列。运用非对称单元格网格的版式灵活多样、层次清晰、错落有致，而且不容易产生混乱，整个版式更生动、更有活力（图3-25~图3-26）。

◆ 3-25 非对称单元网格的应用

◆ 3-26 去网格后非对称单元网格效果

3.2.3 成角网格

成角网格是指版面中的所有元素都朝向同一个或两个角度进行分栏编排，使版式结构与阅读习惯在最大程度上达到统一。成角网格在版式中很难设置，因为该网格可以根据需要设置成任何角度。由于成角网格使用了倾斜的角度，设计师们在设计时又经常以打破常规的方式展现创意，因此合理调整网格角度是成角网格版式成功的关键。

常规的成角网格分为45°角和30/60°角两大类（图3-27~图3-30）。45°角的成角网格朝两个方向排列，形成均衡的视觉效果，使版面更加流畅。30/60°角的成角网格倾斜的版块与基线呈30和60°角，导致文本有四个编排的方向。这样的排版方式同时出现在一个版面内，会给阅读造成很大困扰，甚至影响版式设计的整体连贯性。

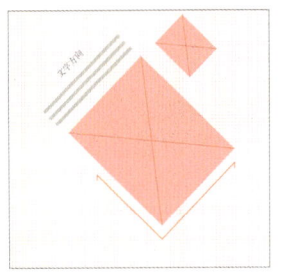
◆ 3-27 45°角版式

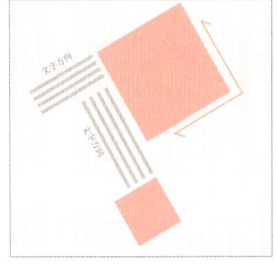
◆ 3-28 30/60°角版式

◆ 3-29 45°角版式的应用

◆ 3-30 30/60°角版式的应用

3.2.4 模块网格

这种设计最早用于报纸，可以将多个模块快速拼装在一起，从而提升排版速度。在模块网格中，模块是用来融合、收纳特定的文本或图像元素的（图3-31~图3-32）。模块将网格分隔为一系列板块或区域，设计师可以通过对模块的运用使作品表现运动感，依靠对模块进行合并，页面能够表现出水平或垂直的运动趋向。模块网格对于复杂的元素更加灵活。

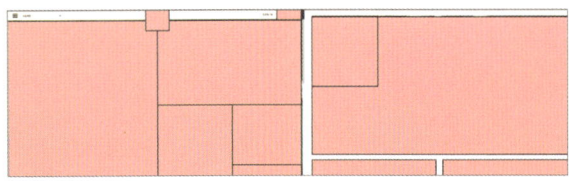
◆ 3-31 模块网格

◆ 3-32 模块网格的应用

3.2.5 基线网格

基线网格是版式设计的基础形式，虽然它不可见，但能够为版面中的所有元素提供视觉参考，为版式设计提供一个非常精确的基准，可以帮助设计师完成非常规范化的版式设计。

基线能够辅助编排文字信息，也可以作为编排图片的参考线。文字的字号决定了基线网格的大小和宽度（图3-33~图3-35）。例如，当字体为10号，行距为2时，基线网格的宽度就应该设置为12。

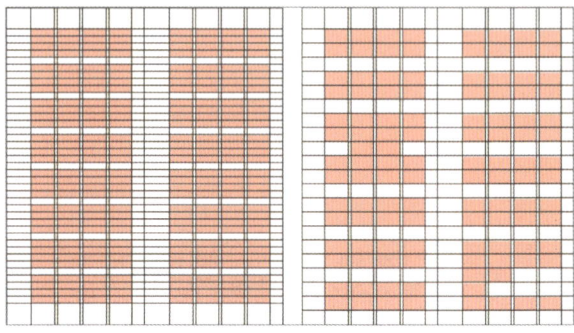
◆ 3-33 基线网格

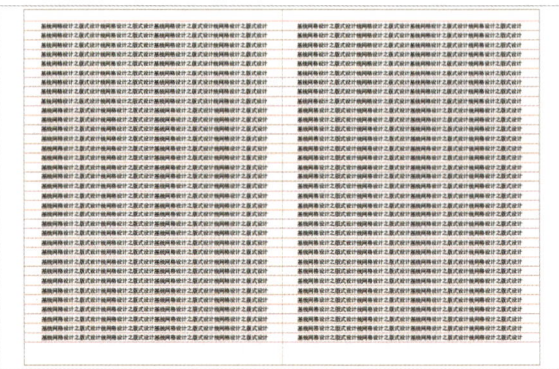
◆ 3-34 基线网格的应用

最上面两行文字字号为36点，因此在一个基线网格中只排了一行；中间一行的文字字号为14点，行间距为4磅，因此在一个基线网格中能够排两行；最下面一行字号为8点，行距1磅，因此在一个网格中可排三行。

版面中采用了红色网格线，它既是文字的编排线，又是文字的对齐线。

◆ 3-35 基线网格

3.3 了然于胸——网格的应用

在版式设计中，网格为所有的设计元素提供了一个结构。根据网格的结构形式，既能在有效的时间内完成版式设计，又能使创意更轻松，更灵活。尽管电子阅读越来越广泛，但印刷设计背后的结构和原理依然适用，因为浏览习惯从未改变（图3-36~图3-40）。

◆ 图3-36 网格的应用设计

◆ 3-37 三栏对称网格
该版面使用了三栏对称网格，左右两个版面共分为六栏，图片和文字可以放置在粉色区域中。

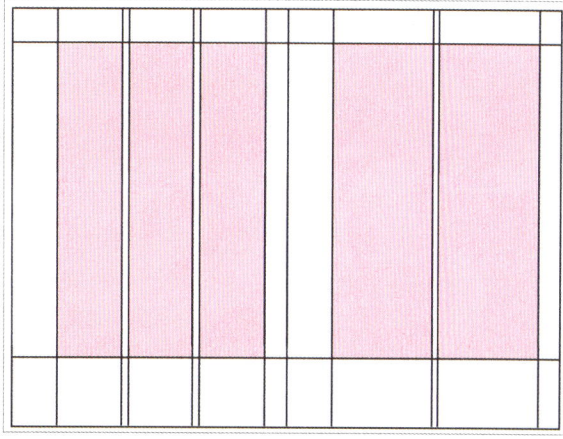

◆ 3-38 非对称网格
该版面使用的是非对称网格，左右两页共分为五栏，左右两页的栏数不同，页边距也不同。

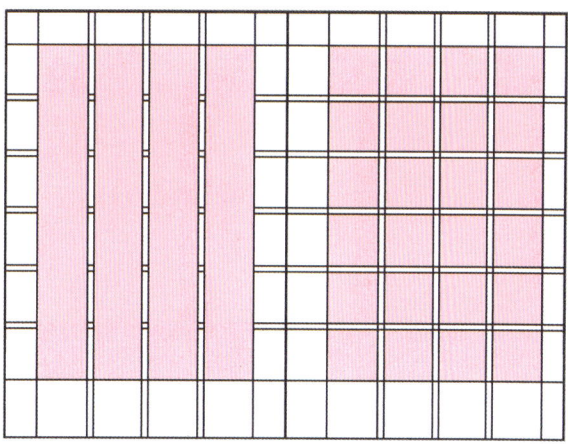

◆ 3-39 栏状网格与单元格网格
该版面属于栏状网格与单元格网格的混排，粉色线条既是每一栏的分割线，又是每一个单元格的分割线，为文字和图片的编排提供了准确的版面结构。

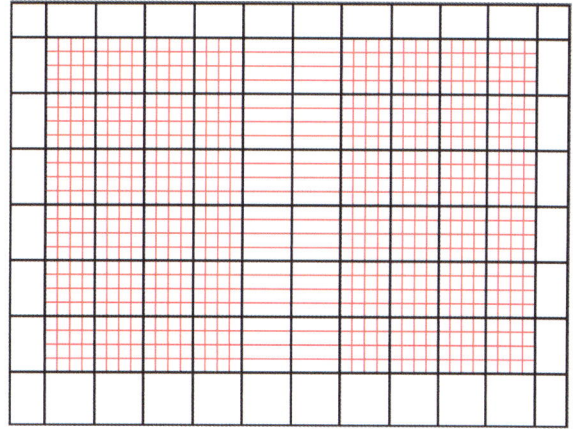

◆ 3-40 网格与基线网格
该版面属于网格与基线网格的混排，采用了横四竖六的单元格方式建立。一个黑色单元格再分16个粉色小单元格。粉色线是单元格的分割线，也是每一栏的分割线。

3.3.1 如何创建网格

合理的网格结构可以帮助设计师尽快明确设计风格，可以避免随意编排的可能性，有利于统一版面。通常可以使用比例关系创建网格和黄金分割数列法创建网格两种方法。

（1）比例关系创建网格

德国字体设计师杨·奇柯尔德设计的经典版式（图3-41）的长宽比例为2：3。高度a与宽度b相等，装订线与顶部的留白占整个版面的1/9。内缘留白是外缘留白的1/2。跨页的两条对角线与单页的对角线相交，两个交点分别为c和d，再由d出发，向顶部作垂线，其垂点e与c相连，这条线又与页面的对角线相交，形成交点f，该点就是整个正文版面的定位点。

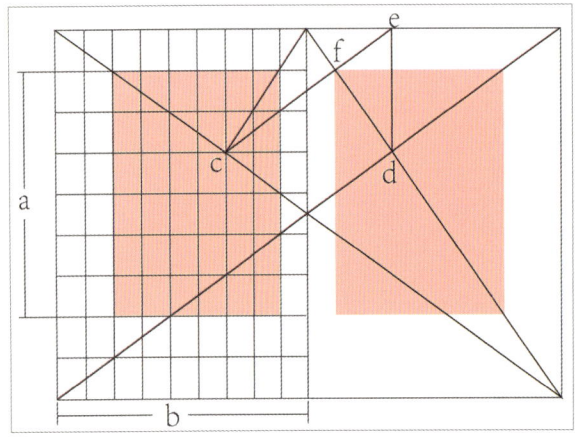

◆ 3-41 比例关系创建网格

（2）黄金分割数列法创建网格

黄金分割数列又称斐波那契数列，每一个数字都是前两个数字之和。如0、1、1、2、3、5、8、13、21……斐波那契数列可以应用于页面的分割（图3-42），以34x56个单元格组成的版面为1列，内边缘留白5个单元格，外边缘留白8个单元格，底部边缘留白13个单元格。以这种方式来确定正文与图片区域的大小，可以让宽度与高度比和谐连贯。

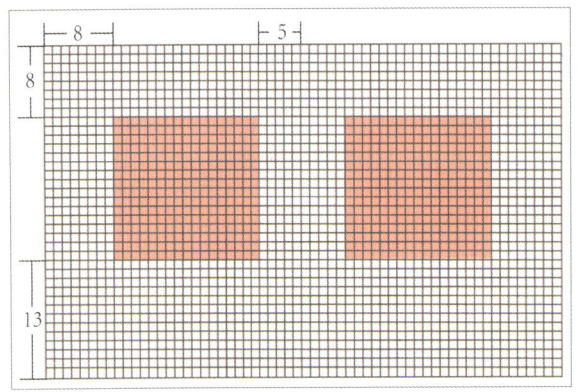

◆ 3-42 黄金分割数列法创建网格

3.3.2 如何编排网格

文本和图片都是版面的构成元素，从本质上讲是它们构成了页面的表现形式。运用网格对文本与图片进行不同形式的组合，并充分利用网格的特性，设计出和谐流畅且令人印象深刻的版面，能够形成不同的视觉效果，给人不同的心理感受。网格是保持版面均衡的重要方法，网格的构建形式根据版面主题的需要决定。有的版面以文字为主，图片较少；有的版面以图片为主，文字较少。这些区别造成了版面效果的极大差异。在版式设计中，网格的编排形式主要分为多语言网格编排、说明式网格编排及数量信息网格编排三种（图3-43）。

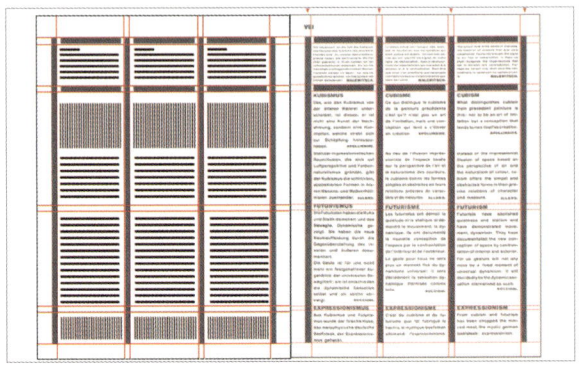

◆ 3-43 网格的编排方式

（1）多语言网格编排

在出现多种文字的情况下，决定版式设计方式的是内容部分，可以从运用图片和文字的对比关系，使整幅版面更具有活跃的气氛，打破网格规矩的排版效果（图3-44）。

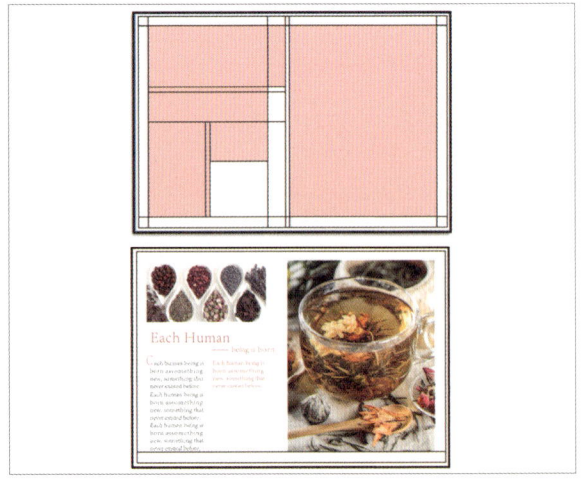

◆ 3-45 多语言网格编排

（2）说明式网格编排

当信息过于复杂，出现了若干个不同的元素时，很容易对阅读造成困扰。此时可通过网格，对信息进行调整，版面中的文字搭配图片进行说明，根据内容版面采取双栏对称网格编排，使版面更稳定、层次更分明（图3-45）。

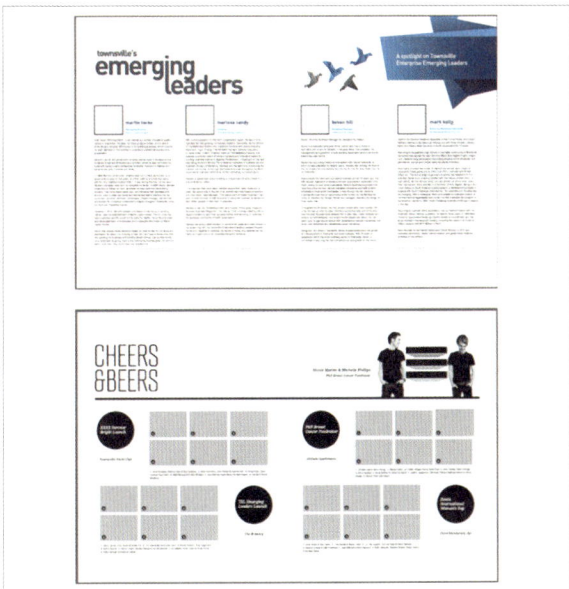

◆ 3-45 说明式网格编排

（3）数量信息网格编排

网格的主要功能是帮助设计师加强版式的秩序感，使其更便于阅读。在数据较多的表中，网格的编排运用十分重要，可以采用栏状网格，将文字与数字信息清晰地体现在版式设计中，让人一目了然（图3-46）。

◆ 3-46 数量信息网格编排

3.4 隐藏的秩序——框架

网格系统虽然是隐形的，但它为设计工作提供了一个框架，能够为版式设计带来规矩、约束，能够体现理性稳定的视觉效果，指引版面中的各种元素快速准确地放置到准确的位置，并使图片、文字与页面之间保持一定的视觉连贯性和持续性（图3-47）。

◆ 3-47 隐藏的网格效果

3.4.1 满版式

满版式的重点在于图片传达的信息，将元素铺满整个版面，视觉冲击力强且非常直观（图3-48）。根据版面的需求编排文字，整体感觉大方、直白、层次分明，是商品类广告常用的版式。

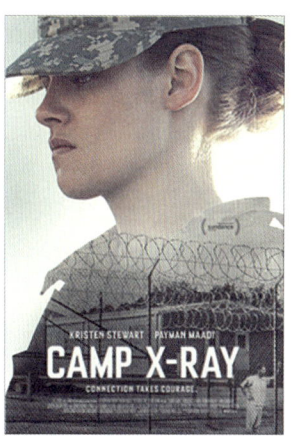

◆ 3-48 满版式招贴设计

3.4.2 轴线式

轴线式将图形作水平方向或垂直方向排列，文字配置在上下或左右。当"轴"出现在结构中，就会使版面形成鲜明的视觉关系，版面结构就有了秩序感。水平排列的版面给人稳定、安静、平和与含蓄之感。垂直排列的版面给人强烈的动感。通过使用轴线可以轻松地将页面元素设置为不同重量的版块，以此引导观者的视觉流程及阅读信息的秩序（图3-49）。

◆ 3-49 轴线式招贴设计

3.5 张扬的自我表现——自由网格

自由网格结构没有任何框架、形状、模式，它最大限度地赋予设计师创作自由，但是也带来更大的挑战。自由网格的自由美感，绝不是将元素毫无章法地胡乱堆砌，否则自由网格带来的感觉只有杂乱无章，获知版面内容也就无从谈起。在运用自由网格时，一定要在遵循形式与内容和谐统一的规范的基础上，追求视觉的新鲜感和空间感，如此才能带来丰富的想象空间（图3-50）。

◆ 3-50 自由网格的应用

3.5.1 发散式

发散式是广告设计、电商设计、海报设计常用的一种版式，其中以从中心往四周发散、从下往上呈扇形发散这两种形式为主（图3-51~图3-52）。采用发散式的设计，其元素肯定不会少，所以必须要让元素之间有大小对比、虚实对比、疏密对比，才不会杂乱无序。由于发散式的视觉中心在发散点上，因此把核心元素或信息置于该处，如产品或者标题，使受众的视线聚焦于此。发散式能够表现视觉集中、空间感强、动感、视觉冲击力强等特点。

◆ 3-51 从中心发散

3.5.2 自由式

自由式是指版面结构没有任何规律，设计者随意编排构成，因此版面具有活泼、多变的轻快感，是最能够施展创意的版式（图3-53）。自由式并不代表乱排，需要把握版面整体的协调性。

◆ 3-52 扇形发散

◆ 3-53 自由式版面

教学实践

通过对本章的学习,大家对网格布局有了更深的了解。网格让版式设计变得不那么严肃,也更有生命力,广泛应用于各种风格的页面中。下面以报刊设计为例,具体了解不同网格的不同视觉效果。

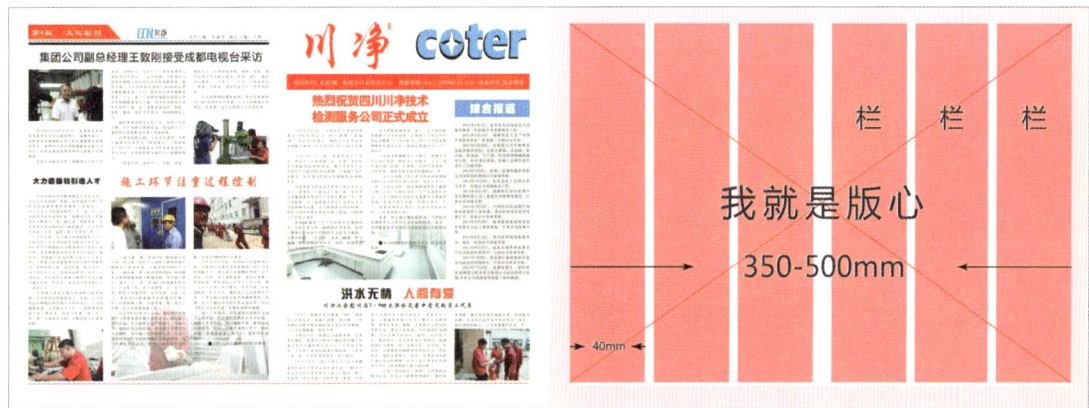

◆ 3-54 报刊设计
报刊的纸张尺寸分为全开型和半开型,全开型版心为350-500mm,一般采用八栏,每栏宽约40mm,字号为10号,或采用国际通用的五~七栏。

◆ 3-55 报刊排版设计
报刊中纷繁复杂的内容不同,报刊的报头是不变的。位于报纸第一版的上方,一般在左上角或是居中排列。报头最主要的内容就是报名,一般由名人或书法家题写,随着现代印刷业的进步,也有特别的字体设计。报头下方常用小字注明报社、登记号、期刊号、日期等内容。

设计点评

理解网格系统非常容易,但是应用网格系统是一个比较难的过程,下面让我们对一些案例进行分析,更进一步了解网格设计(图3-56~图3-57)。

◆ 3-56 户外广告设计
户外广告具有醒目突出、版式简洁、信息明了等特征,因此图片采用满版式,使整个版面具有强烈的视觉冲击力。图片无出血整张图片就是场景,而不是由双重画面编排的,体现出强烈的空间层次感。在版式设计中,根据版式的选择适当的编排方式是很有必要的。

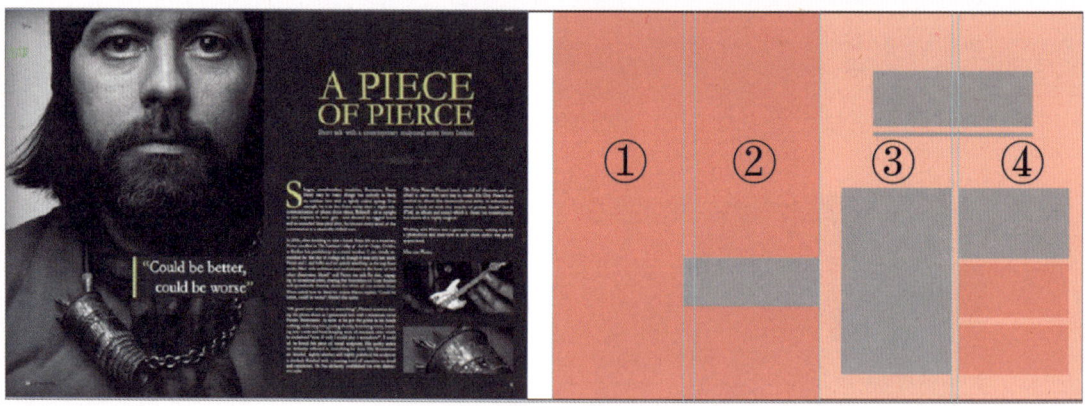

◆ 3-57 杂志内页设计
杂志内页设计采用四栏对称网格。左页为满版式,图片充满整个版面,使版式具有强烈的视觉冲击力,给人大气、舒展的感觉。右页为骨骼型,给人严谨、和谐之感。

课后练习

1、以报刊设计为例,进行栏状网格、单元格网格以及无网格形式的排版设计,要求灵活运用网格的设计原理进行设计构思(图3-58)。

2、设计一款网页界面,要求内容清晰、操作简便,表现形式为栏状网格、无网格及单元格网格不限(图3-59)。

◆ 3-58 栏状网格及自由网格在报刊设计中的应用
这里用了多栏对称网格,是较为灵活的网格类型,这种版式可以根据文字的字号等因素自行安排栏数,但左右两页的栏数必须相同。

◆ 3-59 栏状网格
上图为三栏对称式网格,是较为灵活的网格类型,这种排列方式可以根据文字的字号等因素自行安排栏数,过于稳定的视觉效果容易造成乏味呆板的感受,我们可以通过适当添加其他页面元素使版面显得更加灵活、更具活力。

第4章 包罗万象,呈天下于方寸之间——版式设计的形式

版式设计是现代艺术设计的重要组成部分,是视觉传达的重要手段,是技术与艺术的高度统一,在有限的版面空间中将设计元素——文字、图形、色彩进行合理的组合排列,在传递信息的同时,根据造型要素及形式美法则,产生极具特色的艺术风格和个性化的思维表现。

4.1 恰到好处的版式设计

版式设计包括报纸、杂志、书籍、产品包装、海报、唱片封套等一系列设计。在商业设计中，版式设计是以有效传播为最终目的的视觉传达艺术，通过图、文、色等基本要素进行富有个性和形式美感的设计，激发人们的注意力，宣传产品图4-1~图4-2所示。随着时代的进步和出版业的发展，人们的视觉习惯已改变，千篇一律的版式已经远远不能适应时代生活的需要。当今时代的出版物不仅要求传达信息，而且要求具有强烈的视觉冲击力。高科技的应用和生活节奏的加快，使当今的出版物能真正做到图文并茂，图片的处理具有超现实的表现手法，在视觉传达上达到新颖奇特的功效，各种信息能够通过出版物快速传递出去。版式设计的作用已不仅仅是单一的传达信息，通过版式设计来增加阅读兴趣和延长持续阅读的能力是其最终目的。版面的设计也体现了设计者的审美意识与创作风格，体现了设计者对整体格局的把握能力和综合运用图形与文字的能力，是一种集审美、实用与趣味于一体的综合艺术种类。

4.1.1 丰满圆润——满版式

当我们用丰满圆润来形容人时，脑海中往往会出现这样的形象，人物整体饱满丰盈体态适中。当我们用丰满圆润来形容版面时，整个画面会具有丰富的内容和强烈的冲击力。

满版式就是将图形进行整版设计，占据整个版面空间，四边出血，文字的配置压置在上下、左右或中部的图像上，形成三维空间（图4-3~图4-6）。满版式具有强烈的视觉冲击力，画面中的图形的诉求力和面积以整个图像充满版式，视觉传达直观而强烈，往往有着压倒文稿的优势。满版式给人美观、大方、舒展的感觉，是现代广告、书籍、包装设计中常用的表现形式，又称为"套印型"。当书籍设计中出现满版式时，我们常常会感到一种充实感，丰富感；广告设计中的满版设计会让我们觉得整个图形以强有力的形式冲击着我们的视觉，画面充满力量感和强烈的表现力；当包装中的圆形以强有力的表现占据整个包装的六面体，带给我们的是一种货真价实的实在感和温度感，所以满版式不仅仅是一种版面形式，而且可以让我们深刻感受到它的存在感和表现力。

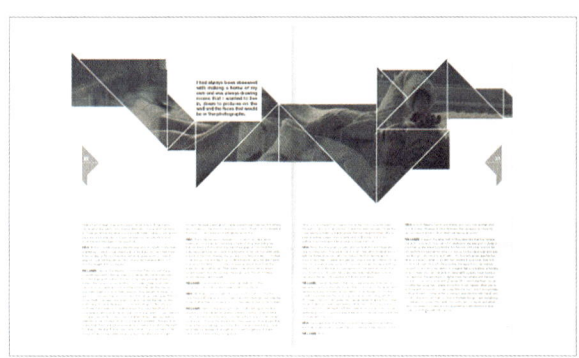

◆ 4-1 产品宣传册版式设计

◆ 4-3 满版式
整个画面具有冲击力，冲出画面的红蓝色彩对比能够有效吸引受众视线，强化主题。

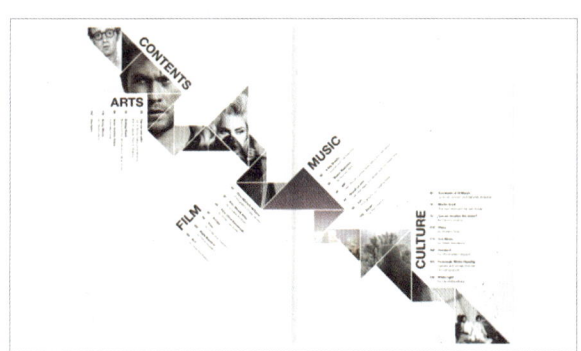

◆ 4-2 产品宣传册版式设计2
理性的几何形体经过裁切、错接，形成了具有明确视觉牵引的表现形式，画面整体风格简洁明了。在图4-2中，文字的整齐与图形的有意识分割形成鲜明对比，文字与图形巧妙结合，形成具有节奏感的画面语言。

◆ 4-4 满版式　　THINKFULL数据科学
蓝色有效表现了画面主题，整个画面充满了神秘感和科技感，满版式的设计更是拓展了画面宣传的主题。

◆ 4-5 满版式 法国M.Charraire新鲜蔬菜和水果广告设计
满版式的画面表现带给人们真实可靠的信息符号，画面色彩对比强烈，整个表现真实，打动人心。

◆ 4-6 满版式 厄瓜多尔Pedrito椰子味白酒包装设计
满版式的包装设计使产品充满了异域风情，红色与绿色高纯度的补色对比将产品的独特魅力有效表现出来，使商品更加与众不同，让消费者产生购买的冲动。

4.1.2 一丝不苟——对称式

当我们看到严谨的版式设计时，会由衷地感受设计师的态度。好的版式设计不是机械地罗列，而是对每一个文字与图形符号的反复琢磨与精心放置。当我们看到看似并不活跃的版式时，我们应该从这种版面中仔细琢磨设计者在看似刻板的设计中是如何进行一丝不苟的表现的。

对称分为绝对对称和相对对称，是以中心线为基准，在上下或左右中同形或同量（如图4-7~图4-10）。对称可以产生安定与统一的感觉，自然界中随处可以发现对称的因素。对称是一种常见的版式设计，具有庄重、典雅、整齐的美感。对称的版式给人稳定、理性的感受。在实际设计中，我们通常采用相对对称的表现手法，以避免过于严谨。但是在新闻类报刊、工具用书、重要通知等设计中，我们通常采用绝对对称，以此增加版面的严肃性和庄重性，同时能够有效传递信息和增加版面占有率，有利于信息的传递和版面的整齐划一。相对对称是一种心理上的平衡，这种版式设计较绝对对称更有灵活性和多变性，画面既体现了规范性，同时在条理中实现了灵活。对称一般以左右对称居多。

◆ 4-7 对称式 与其仰望不如珍视——房地产广告
画面简洁明了，没有过多的语言，却真实表达了设计主题。对称的构图在字体的有意识装饰中变得生动有趣。

◆ 4-10 对称式
左右对称、上下对称、中心对称、分割型

◆ 4-8 对称式 火焰烤牛肉——汉堡王广告
本广告以上下对称为主，左右对称为辅，上下对称的图形与色彩都采用单色系，左右对称的色彩凸显了主题。

4.1.3 有条不紊——分割式

有条不紊是一种态度，有效的版面分割可以使画面充满条理性和富有秩序感，让人感受到设计者的胸有成竹。当我们看到理性的有意识的版面分割时，常常会感受到阅读的愉悦性和信息的辨识性，这就是版面的有效性（图4-11~图4-12）。在实际设计中，骨骼式是一种常见的分割方式，具有数理性与规范性。

◆ 4-11 分割式
曲线形的版式分割让人感动轻松、愉悦，在理性设计的同时增加了感性因素，画面通过不同的曲线色块表现了不同的信息。

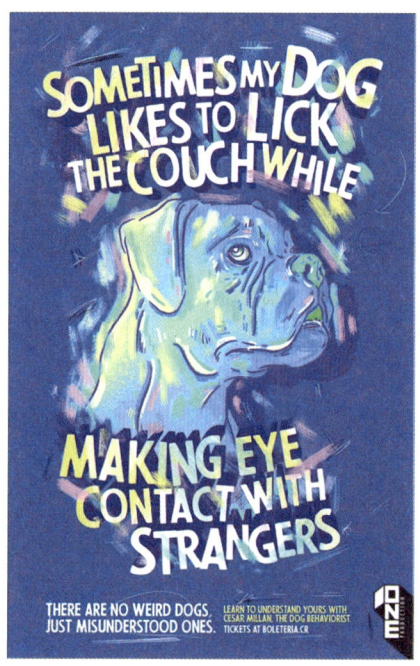

◆ 4-9 对称式 没有奇怪的狗，只是被误解的狗——学会理解你的狗
Cesar Millan, One Production平面广告
画面采用文字上下对称的表现手法，强化了广告主题，通过色彩对比和文字的形式对比，增加画面的稳定性。文字本身结构的灵活性在对称的手法下显得更加跳跃，起到活跃画面的作用。

◆ 4-12 分割式 好莱坞电影海报设计
类似于机械制作的版面分割具有条理性和秩序感，画面无论是图形还是文字都进行了有序安排。

常见的骨骼有竖向通栏、双栏、三栏、四栏和横向的通栏、双栏、三栏和四栏等（图4-13~图4-15）。图片和文字严格地按照骨骼进行分类，可以产生理性、和谐、严谨的秩序美，使读者方便阅读。在实际设计中，分割式版面通常将整个版面分成上下或左右两部分，图形可以是一张或者多张，文字通过分割可以使信息的传递达到最大化。图形与文字的穿插配置和版面占有，可以有效调节版面的呆板，图片充满活力，文字理性而静止。如果版面上只有文字，可以通过分割版面实现信息的有效传达，如果需要将图形与文字进行组合排列时，在将文字与图形进行左右配置时，图形的厚度和色彩的重量感会使两部分形成强弱视觉与心理上的不平衡，画面会产生失衡感。上下分割式的版面的视觉流程具有自然顺畅的感觉。当我们利用文字或者图形将分割线虚化处理，整个版面就会显得更加温馨，在一丝不苟中获得条理性和秩序感（图4-16~图4-17）。

◆ 4-14 分割式 Paul—保罗面包餐饮行业手机APP设计
手机APP的分栏设计，能够有效指导观者进行信息的归类阅读。

◆ 4-15 分割式 心理健康报版式设计
这是常见的报纸版式，这种设计有利于最大限度使用版面，同时能够对不同类别的信息进行归类处理。

◆ 4-13 分割式

◆ 4-16 分割式 带有独特花纹的香肠
包装设计中的分割既能体现商品，又能有效表现品牌名称，有利于消费者在瞬间最大限度读取信息。

◆ 4-17 分割式 杂志设计
杂志通常有这种理性设计风格，这样有利于大量信息的归纳整理，让读者在短时间内有选择性地进行阅读。

4.1.4 稳中求变——四角形

随着时代的发展和审美因素的转变，我们阅读时间减少了，这就需要对版面进行有效的变革，四角形恰恰满足了稳中求变的表现形式（图4-18~图4-20）。

◆ 4-18 四角形版式

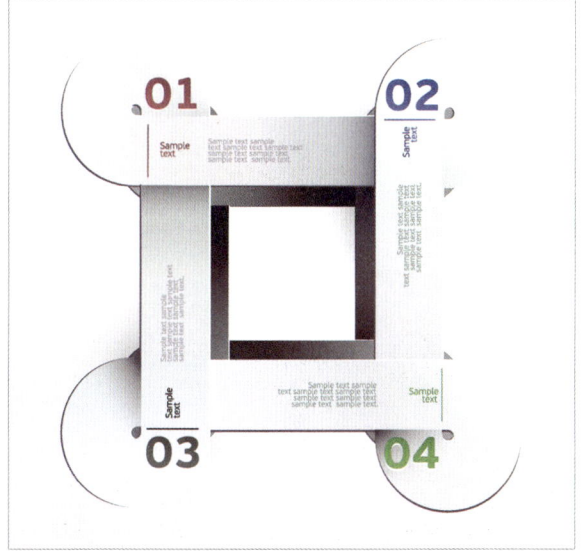

◆ 4-19 四角形 杂志设计
画面稳定，富有节奏感，四角形更增强了安静感和秩序感。

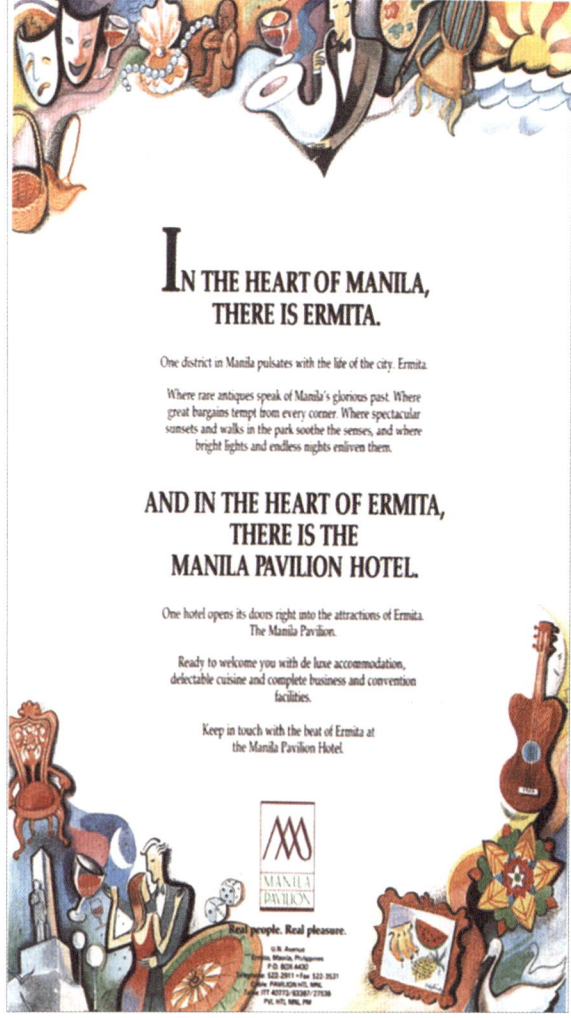

◆ 4-20 四角形 广告设计
稳中求变的设计让原本应该理性的画面因插图的灵活运用变得具有跳跃性，画面主题的安静与四周的灵动产生鲜明对比。

版面设计需要稳定的因素，我们都知道三角形在所有的图形中最具稳定性，但是四角形同样具有稳定性，可以在版面四角安排图形或文字要素，中间进行大面积或者小面积的图形文字配置，有效地呼应四角形成的稳定态势，稳定又活跃。要想形成视觉或心理上的平衡，对角线结构也可以起到相同的作用，方形的版面本身就具有稳定的感觉，在此基础上的四角形版面构成更加强了这种定势。方形的出版物与四角物象的重复配置，是版面稳定的重要因素，中间的设计元素恰恰可以在稳定中变得突出，形成了最突出的要素和表现力（如图4-21~图4-22）。

4.1.5 进取与突变——三角形

从图形要素方面看，三角形是众多基本形态（如圆形、四方形、椭圆形）中最具安全稳定性的形态，它的稳定性是任何一种图形无法比拟的（图4-23~图4-25）。三角形的版面编排具有心理上的稳定感，是一种常见的版面形式。但是三角形象征着稳定的同时，因三个角的突起，在外观上也具有尖锐性和不可调和性，是激进、矛盾的角力，均衡的化身，是一种具有个性、新颖、异军突起的图案。由于它具有尖锐、激进的外形特征，因此也就具有了视觉和心理的突变因素，三个角的突起与周围的元素看似格格不入，却象征了一种进取和力量，反应在人的心理上，就会表现得独树一帜、标新立异。这就是三角形构图的魅力所在，原本稳定的图形通过设计要素的组合和图形自身形态的表现，又变得不可捉摸，画面在稳定中更具特异的表现形式。通过众多因素的组合，三角形版式能够有效吸引人们的眼球，当我们把这种已经形成的定式有效地利用，就可以实现意想不到的视觉效果（图4-26~图4-28）。

◆ 4-21 四角形 大学生求职书籍设计
色彩淡雅，主题突出，文字的有意识虚实对比和四角形的版式增加了信任感。

◆ 4-23 三角形版式

◆ 4-22 四角形 校园心理讲座招贴设计
同样是通过文字进行四角形版式设计，由于图形和文字的有意识裁切，整个设计在稳定的画面中与主题遥相呼应，形成了一个看似安定却又隐隐地躁动的画面语言。

◆ 4-24 三角形 新秀丽户外广告
画面通过三个主体产品形成了稳定的三角形，与背景形成鲜明对比，凸显产品的耐用功能。

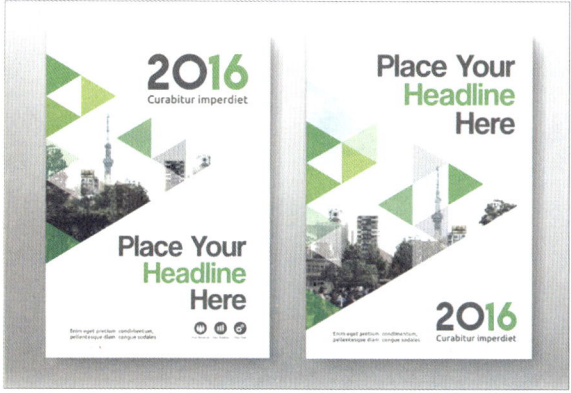

◆ 4-25 三角形 封面设计
　　画面通过跳跃的色彩图形与风景融为一体，理性与感性相结合。

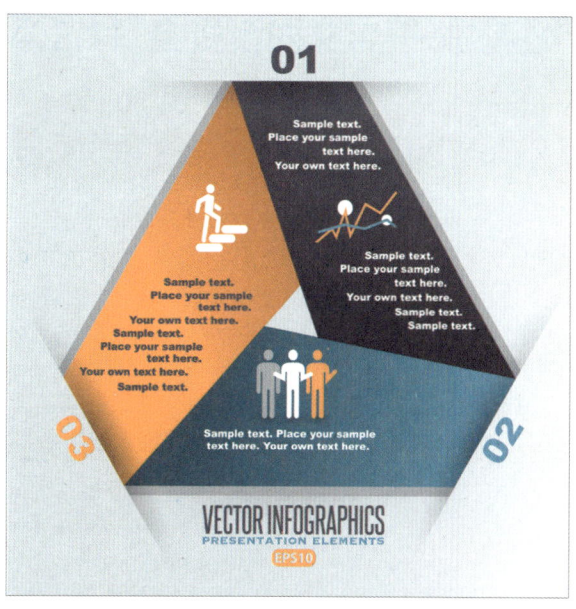

◆ 4-27 三角形 折纸目录设计
　　打破常规的目录设计，增加了阅读的刺激感，同时能够有效地组合文字信息，强化设计的秩序感和整个画面的稳定性。

◆ 4-26 三角形 网页设计
　　通过文字与产品的有意识组合，画面形成了稳定的三角形版式，这种有意识的虚实相生安排，红色酒瓶一直穿插于主体画面，不仅能凸显产品，同时还能有效地引导阅读。

◆ 4-28 三角形 广告设计
　　文字的堆砌组合，打破了常规的阅读习惯，独特的色彩表现和图形构成，使画面具有一种难以言表的诉求。

4.1.6 永恒不变——圆形

中国人对"圆"情有独钟。在大自然及日常生活中，圆代表了生命、轮回，人们从自然中获得力量，崇拜生命；圆也代表了"满"，人们喜欢"满"。自古以来，中华民族以"圆"作为天的代称，认为"天圆地方"，同时将八月十五满月当作丰满的象征，与秋季果实丰收紧密联系。中国人常常借物抒情，用月亮的阴晴圆缺比喻人情事态。人们将节气与圆月相结合，把八月十五称为仲秋，民间称为中秋，又称月节、秋夕、八月半、月夕、八月节。这些农耕文化生生不息地影响着中国人，圆在人们心中具有无法替代的位置，中华民族对"月满人团圆"这种天人合一的境界有着世代期盼和追求。（图4-29～图4-31）。

圆形版式适用于文字和插图的版面。圆，具有完美之意，是生命的象征，是一种和谐美好的象征。在版式设计中，将版面的主题——插图作为圆形或近似圆形，或把文案要素作为圆形、近似圆形，可以增强图形或文案自身的整体性，为了顺应圆形的封闭型特征，在设计时要采取相应的措施实现视觉流程的连续性，使其与周围的诸要素形成一定的联系，具有独特的审美特征（图4-32～图4-34）。

◆ 4-30 圆形 广告设计
圆代表饱满和充实，因此整个画面具有一种扩张感，充满了力量，这里的圆形不是简单的机械绘制，而是通过生动的水墨效果达到完美的视觉效果。

◆ 4-29 圆形版式

◆ 4-31 圆形 网页设计
主体有效地放置在圆形体系中，这样可以更好地突出主题，同时圆形版式和圆形产品的重复设计，产生了节奏感和亲切感。

◆ 4-32 圆形 名片设计
方形与圆形的对比，在方寸之间增加了名片的视觉感染力，文字围绕圆形有序安排，体现了一种节奏，同时能够进行有效阅读。

4.1.7 坚定可信——垂直式

从字面上我们不难理解，垂直就是两条直线、两个平面相交，或一条直线与一个平面相交，如果交角成直角，叫作互相垂直。一条线与另一条线相交成直角，这两条直线互相垂直。垂直就是将过程进行简化。在现代商业中，有垂直领域、垂直采购、垂直同步、垂直行业等清晰明了的态度和工作作风，因此垂直带来的是一种清新、明了、简洁的画面语言。垂直可以使我们产生忠贞、刚直、直率、明晰的视觉与心理感受，是一种简洁明了的版式。垂直型版式可以产生稳定、安静的氛围，适合表现信息含量丰富并需要广泛传播的版面。画面物象以排列的方式展示出来，由于高低位置不同，形成错落有致的效果，形象层次分明，极具形式感。垂直型版式通常能够形成平行的态势，由于水平线具有稳定、平和的效果，平行水平线又使画面产生了强烈的秩序感，所以画面具有安定、祥和的氛围，这种构图可以使画面产生安定的意境。（图4-35~图4-38）。

◆ 4-33 圆形 报纸设计
主体醒目突出，具有冲击力，圆形的色彩夸张且震撼，文字与背景色彩对比强烈，极大地激发了阅读的感染力。

◆ 4-35 垂直式

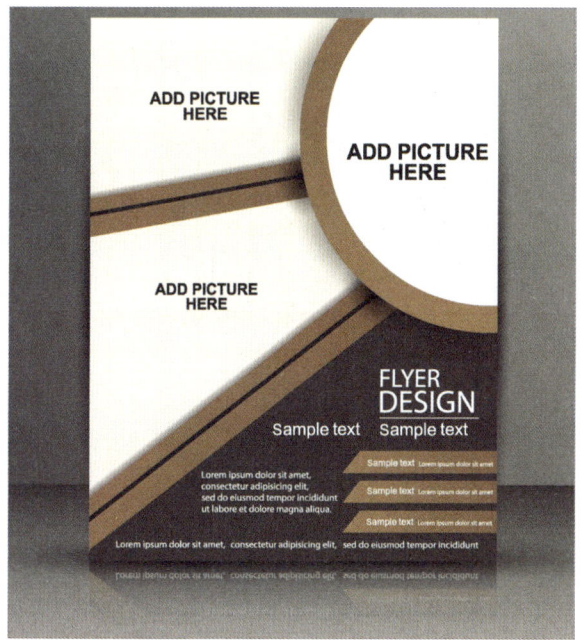

◆ 4-34 圆形 设计模板
这是为了方便设计初学者而制定的圆形模板，画面通过圆形、三角形相互叠加和穿插，构成了有序的画面，打破了单一圆形版式的呆板。

◆ 4-36 垂直式 网页模板
这是为了方便设计初学者而制定的垂直式网页模板，画面简洁明了，主题突出，垂直的信息和图形设计凸显了节奏感。

版式设计

4.2 活力四射的版式设计

在这里我们有意识地将版面分为两个体系进行说明,就是为了在实际设计中,让人们更加清晰地认识到设计带来的不同视觉与心理体验,更加明晰版式的图形语言和设计风格,起到有的放矢的使用(图4-39~图4-40)。

◆ 4-37 垂直式 杂志设计
有序的图形分割与垂直表现制造了紧张感和秩序感,画面条理清晰,节奏紧密。

◆ 4-39 中国传统节庆文化招贴设计
画面设计元素表现灵活,文字与图形形成鲜明的质感和色彩对比,点、线、面表现丰富。

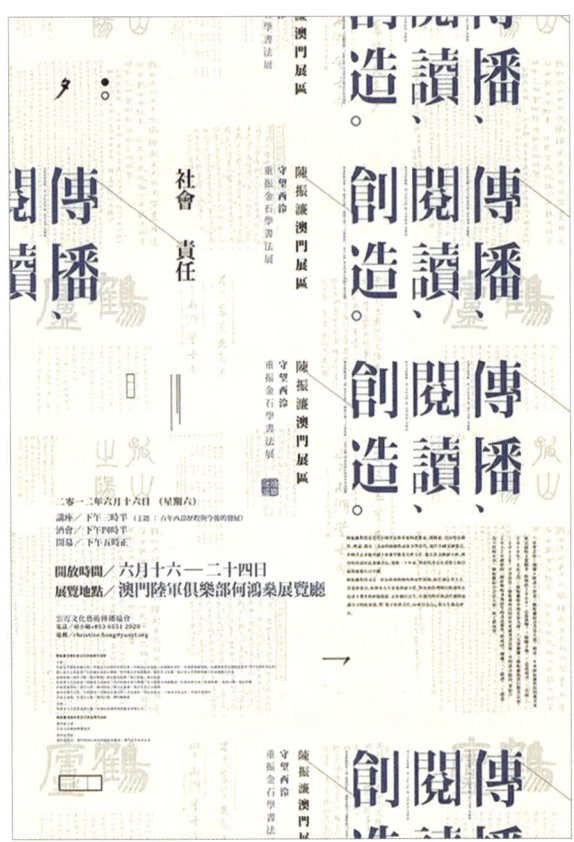

◆ 4-38 垂直式 招贴设计
文字的垂直式构图设计,让画面阅读清新、明了,具有节奏感和秩序感。

◆ 4-40 国外优秀网站设计
版式设计层次鲜明,主题突出,有效表达产品的信息,主副图形关系表现具有空间感。

4.2.1 流动的视线——曲线形

曲线，与直线相反，具有柔美、润滑、婀娜、委婉之意，在数学领域中是微分几何学研究的主要对象之一。直观上，曲线可看成空间质点运动的轨迹。

黄河的美不仅仅因为它的长度，它的美还在于九曲十八弯（图4-41）。黄河在上游是一条清澈见底、水明如镜的河流。数千年来，生活在那里的少数民族根据黄河上游的地形、景观等，将上游诸河段取了更有特色的名称，如卡日曲、约古宗列曲、扎曲、星宿海、玛曲等，因为藏语称"河"为"曲"。所谓九曲十八弯只是一种概数的说法，用于形容河套平原上黄河的曲折性。因此曲线比直线，更加令人着迷，难以捉摸，可以增加画面的魅力与动感。在实际设计中，我们经常使用曲线进行作品表现（图4-42）。

◆ 4-41 九曲黄河
   大自然的曲线美

◆ 4-42 曲线木座椅
   人类有意识地创造曲线美。

在版式设计中，曲线形版式就是将图片或文字在版面结构中做曲线运动变化，这种变化较直线形版式更具柔韧度，画面能够形成有效的动势，构成韵律与节奏感。曲线形包含特殊的S形版式和大小、方向、角度不同的版式。无论是哪种版式，都可以产生运动感，画面活泼、律动，较垂直式版面更具扩张性与明确的方向性（图4-43~图4-44）。

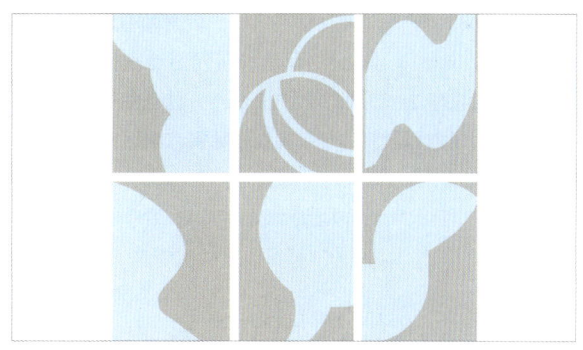

◆ 4-43 曲线形版式

◆ 4-44 曲线形版式 设计模板
   画面灵动、活泼，由左而右的曲线表现能够有效吸引受众的视线，并进行有效阅读。

4.2.2 失衡之美——倾斜式

这是一反常态的表现形式，倾斜式版面使画面具有种种不安定感和不确定性。人们看惯了中规中矩的版面形式，当这种天生具有叛逆的倾斜式出现时，不仅带来了视觉上的冲击，实则是一种心理上的失衡和刺激。如意大利著名的建筑比萨斜塔，由于其倾斜的特殊性，成为人们竞相观看的著名旅游景点。比萨斜塔开始建造时，塔高设计为100米左右，但动工五六年后，塔身从三层开始倾斜，直到完工还在持续倾斜，在其完工之前，塔顶已南倾3.5米。建筑学家发现，建造塔身的每一块石砖都是一块石雕佳品，石砖与石砖间的贴合极为巧妙，有效地防止了塔身倾斜引起的断裂，成为斜塔斜而不倒的一个因素。种种一反常规的现象，使它成为意大利人的骄傲和自豪（图4-45）。

◆ 4-45 比萨斜塔
   倾斜的比萨斜塔打破了人们对常规建筑的认知，成为建筑的奇特景观。

如果版面中的插图或文稿呈倾斜状，这种有意识的倾斜与画面表现，能够有效吸引注意力，造成强烈的不稳定性，以及视觉上、心理上的不平衡感。一般在娱乐杂志、时尚刊物、CD包装、儿童产品包装中，我们经常使用这种表现形式（图4-46~图4-48）。

◆ 4-46 倾斜式 招贴设计
画面对有序的元素进行倾斜处理，文字疏密、大小安排得当，画面有失重的美感和活跃性。

◆ 4-48 倾斜式 招贴设计
画面主体元素通过倾斜重复排列，造成视觉动荡感，有效表达设计主题。

4.2.3 魅力四射——放射式

放射式是指视觉元素同时向中心集中或者由中心向四周散开。放射作为一种规律性的表象，在生活中随处可见，可以是自然物象，也可以是人工物象，如太阳的光芒、海螺的贝壳、旋转的楼梯、盛开的花朵、节日的烟花、儿时的万花筒等都是放射状的图形与形体。放射式具有凝聚力和表现力，能够有效突出画面中心，具有强烈的视觉效果，用于表现动感和空间感。

放射式通常有一个统一的视觉焦点，焦点的构成可以是一个或多个点、线、面等，焦点的位置可以控制在画面内或画面外。放射式版式常应用在招贴设计中，最大限度地聚合视觉注意力，突出表达主题（图4-49~图4-53）。

◆ 4-47 倾斜式 动感时尚的公司画册设计
整个设计充满了时尚感和动感，色彩对比强烈，主题突出，有效表达公司的精神内涵。

◆ 4-49 放射式版面设计

◆ 4-50 放射式 有时你只需要一个Capunga Lager 招贴设计
凸显的主体瓶盖与背景的放射线条形成鲜明的对比，画面能够有效聚焦主题，突出产品。

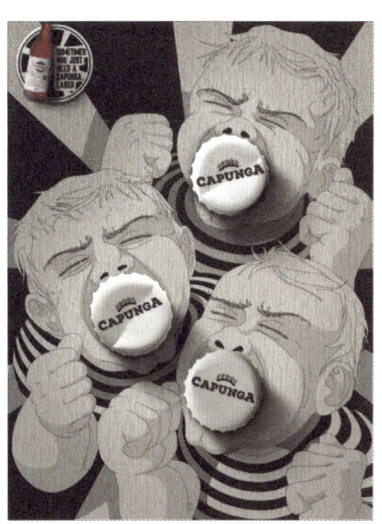

◆ 4-53 多心放射 有时你只需要一个Capunga Lager
版式设计有时并不是明确地表现出招财设计类型，但是暗含的设计要素构成了心理定式，从而形成以多个瓶盖为中心的放射状态。

4.2.4 多变的层次——重叠式

重叠是一种常见的视觉表现形式，是设计构成中最基本的形式。自然界和人类社会中的重叠比比皆是，花瓣的重叠次生、海洋动植物的重叠互生、动植物的生长、人类的周而复始的劳作轨迹都可以看作一种重叠；在人类社会中，重叠可以表现为统一标准或者不同标准、不同规格的相互依存与互为影响，如室内装修的层层叠加，机器制作的零部件重叠后加工出不同的造型，木材加工的图案、材料的重叠以及生活中常备的餐具、日用工业品等。重叠展现给人们的是一种整齐统一、和谐秩序的节奏感（图4-54）。

◆ 4-51 离心放射 英国封面设计2015获奖作品
画面通过线条分割实现离心型构图，具有视觉张力，信息归纳清晰。

◆ 4-54 重叠式 国外优秀网页设计
画面层次丰富，背景与主体产品的叠加增加了神秘感和多重性。

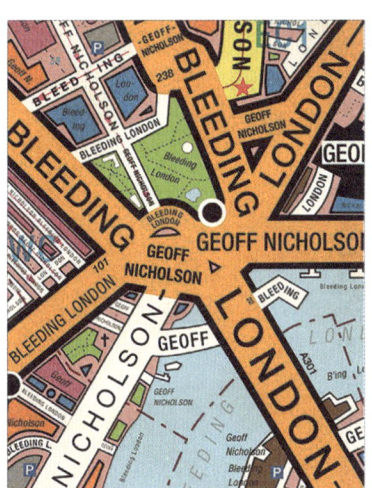

◆ 4-52 同心放射 招贴设计
由同一个视觉中心进行无限地扩展，画面的表现形式与设计主题达到和谐统一。

重叠是指同一视觉形象或形象的组成部分在同一画面内有规律地、有秩序地反复排列,进行数上的加量,造成画面气氛的紧张,增强视觉冲击力。重叠式版面就是相同或者不同的元素层层堆叠,使一物与另一物占有相同位置并与之共存。重叠类型可以产生三度的空间延伸感,这种排列方式具有灵活性,可以打破图形对文字的边框束缚,形成形式美感。

重叠可以是文字的重叠、图形的重叠、文字与图形的重叠、色彩的重叠,还可以是抽象符号与具象符号的重叠,总之因为重叠因素的存在,画面具有了多重性和空间感。重叠可以增加画面的厚重感,增加神秘性,犹如层层迷宫可以使人拨开层层面纱,感受到设计者的主体诉说。美国著名设计师大卫卡森的设计中不乏重叠式设计,图形、文字、色彩、符号体系相互重叠,画面看似没有明确的主题,但是由于重叠的表现与各种信息的充斥,整个版面变得具有游戏性和不确定性,大大增加和刺激了人们的感官。

重叠的排列方法有很多,可以是相同的视觉符号进行不同方向的重叠变化排列,形体符号向上下、左右或角度变化等改变方向性的重叠排列,改变基本形的大小,形成渐变效果的重叠排列;也可以是不同形体的视觉符号进行有秩序地编排单元形。重叠时形态的运动变化组合,有利于打破呆板的版式,提升画面气氛,增强视觉冲击力(图4-55)。

(1) 基本形的重叠

视觉元素包含各种丰富多彩的形象,每一种形象都是设计中不可或缺的元素,是能够引起人的思想或感情活动的具体形状或姿态。如点的形、线的形、面的形、正负形、自然形、骨骼单元中的单元形,经过分离、接触、覆盖、透叠、剪缺等手段处理后得到的组合形,利用形与空间关系处理得到的正形、负形与消失形等,在设计中这些形象被称作为基本形,通过对基本形有意识地反复重叠排列,即可构成设计的重叠空间。简单的基本形重复排列使画面看上去显得呆板、严肃,缺少变化,将这些单体图形加以设计和变化后可以获得新的视觉元素,画面将显示出灵活多变的视觉效果(图4-56)。

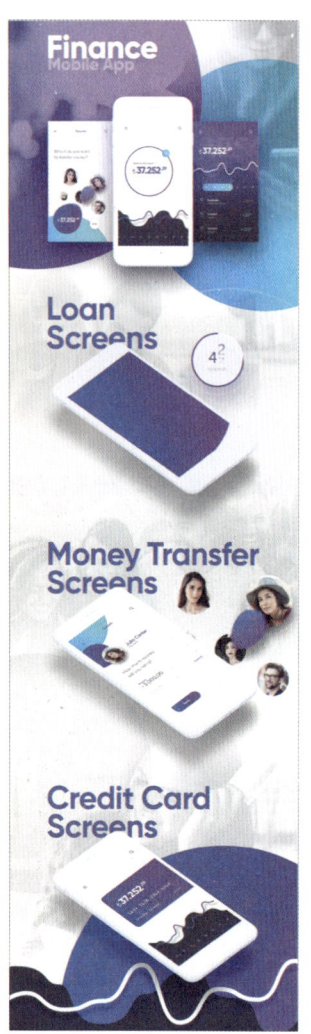

◆ 4-56 基本形重叠 ROAM与Atari W——时装秀广告设计
画面以三角形作为设计基本要素,通过色彩的转变,人物姿势的有意识构成,形成了多个三角形的重复、穿插、组合,制造了视觉的新奇点和画面稳定因素。

(2) 大小的重叠

相同或相似的视觉符号在版式中进行大小不同的重叠交替排列,这种排列可以是相同基本形或相似基本形上由大到小或由小到大进行重叠排列,画面易形成放射状,具有空间感。将大小不同的视觉符号按照一定的方向进行秩序性的重叠排列,通过上下或左右位置、角度的变化,也可以进行正、负形的交替排列,画面构成呈现出方向性的重叠(图4-57~图4-58所示)。

◆ 4-55 叠加式 Finance Mobile APP金融类手机APP设计
画面色彩醒目,背景起到良好的衬托作用,虚实相生,富有节奏和韵律。

第4章 包罗万象，呈天下于方寸之间——版式设计的形式

◆ 4-57 大小重叠式 福建土楼
福建土楼群通过重复的圆形构建了建筑的群组特征，内部圆形线条的重复更增加了这种流线的建筑特色和大小错落有致、层层递接的层次感。

面料进行重叠剪裁，家装设计经常进行不同材料的重叠表现。需要通过触摸感受物象表面的区别（如凸与凹、粗与细、软与硬、平面与立体等）进行实际感受的肌理称为触觉肌理。经过长期观察，在留下深刻印象，不用进行触摸便能对所示纹理产生心理反应，称为视觉肌理。肌理效果的运用能够丰富画面构成，加深形象的视觉印象，增强感染力。不同肌理的重叠表现，可以增加画面的质感和空间要素，肌理造就了不一样的版式冲击力，画面具有厚重感和真实性，肌理的重叠有利于版式设计的灵活多变，同时增加了视觉与心理体验（图4-59~图4-61）。

◆ 4-58 重叠式 O L A B_Contessa——美发秀
基本形的大小、方向重复，构成了运动感，主体人物的服饰与背景有效结合为一体，同时又进行了点与线的对比。

（3）肌理的重叠

自然界中的纹理如山川地貌、动物皮毛、植物叶脉、雨水冲刷等，都是客观存在的。肌理又称质感，是指物象表面的纹理、质地等表面特征。由于构成物体的材料不同，表面因组织结构、排列方式和构造形式的各不相同，会产生粗糙、光滑、软硬等感受。无论是自然肌理还是人工肌理，都能启发创作灵感，通过提炼视觉元素、掌握构成规律，可以提供更多的表现手段。人造肌理是经过长期的观察自然，通过对自然肌理的揣摩，经过打磨、雕刻、压揉或熔炼等工艺处理后形成的再造纹理，或是对自然肌理的模仿纹理。肌理的表现在我国具有悠久的历史，从陶到瓷的转变就是人们经过长期的生产劳作而形成的对基本元素进行的升华。新时代陶器制作使用的压印法、宋代瓷器制作中利用窑变产生的冰纹、明清时期家具制作中采用的浮雕和透雕、中国画中的皴擦点染重叠表现，都是对肌理形态的利用和认识。在现代设计中，服装设计经常对不同肌理的

◆ 4-59 肌理重叠 Rinascente连锁百货商场平面广告
多种产品通过平面、摄影、图形处理等手段，叠加组成了新的画面语言，使人们感受到图形带来的视觉魅力。

◆ 4-60 肌理重叠 手工制作的善良精神！加拿大de Vine Wines工艺威士忌招贴设计
真实照片与手绘插图形成鲜明的肌理质感对比，画面在安静中寻求一份真实感。

51

◆ 4-61 肌理重叠 日本包装设计
包装纸绘制成特殊肌理效果，黑白对比和瓶体的通透形成鲜明的对比，两种不同的肌理质感相互重叠，增加了产品的真实可信度。

4.2.5 动荡不安——偏心式

从字面理解，偏心式是对某人或某物的偏爱。在数学中，偏心指两个圆心或中心不重合。在版式设计中，偏心式是设计师钟爱的类型，因为它是一种有意识的版面表现手法，是一反常规的设计语言。在实际设计中，插图与文稿等要素不对称地排在画面左右两侧，这种版式具有一定的反常规性，又称"图文半分式"。插图放置的合理性应取决于插图内主体的方向性，如插图上人物面朝右侧的，那么插图放于左侧为宜，彼此形成一种呼应的关系，取得良好的心理效应。动荡能够增加读者的注意力，增加画面的动感与表现力，同时动荡的主体能够被有效突出。这种版式适合表现电影海报、娱乐书籍、儿童玩具包装等，通过增加视觉刺激形成新的视觉中心（图4-62~图4-64）。

◆ 4-62 偏心式版面设计

◆ 4-63 偏心式 国外报刊设计
左右不对称的偏心式版式使画面具有不安定因素，通过汽车跑道的有意识图形语言的转化，达到版面的新奇视觉效果。

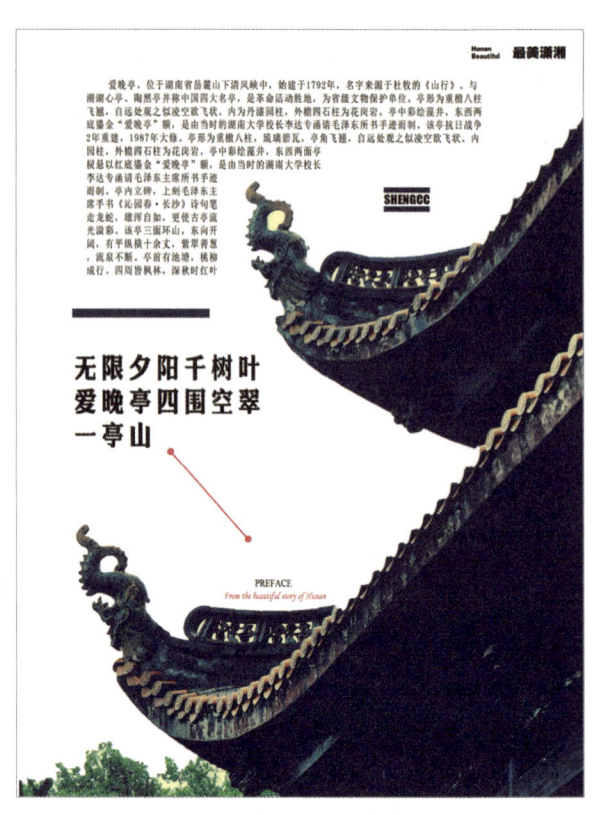

◆ 4-64 偏心式 谌成功 书籍设计
建筑的稳定重心与文字的小面积形成鲜明的对比，画面具有失重的视觉效应。

4.2.6 独树一帜——对角式

在三角形中，两边所夹的内角称为第三边的对角。在版式设计中，由于版面开本和具体物象尺寸的不同，对角通常可以是等边的对角、不规则形的对角、圆形的对角、三角形的对角等，这是一种在平衡中寻求不平衡的版式类型。对角本身就具有平衡的因素，在书籍、海报、名片等设计中，对角常常是一种心理上的元素平衡。把这种要素姿态明确地摆放在画面中，就可以形成独树一帜的画面风格，有意识的对角表现是一种自我彰显，画面更具理性，在对角中形成一种高姿态的组合。对角可以是色彩的对角、图形的对角、点线面的对角，还可以是空白的对角，每一种要素的对角因不同要素的特殊审美都可以产生相应的心理感受与符号解码。在招贴设计、插图设计、包装设计中经常使用此种表现形式，这种心理上的图解可以在众多表现形式中获得一种看似宁静的暗流涌动，因此对角版式有利于突出画面主题，能够有效吸引受众的视线，让受众沿着创作者的视觉流程进行有效阅读（图4-65~图4-66）。

◆ 4-65 对角式版面设计

◆ 4-67 密集式版面设计

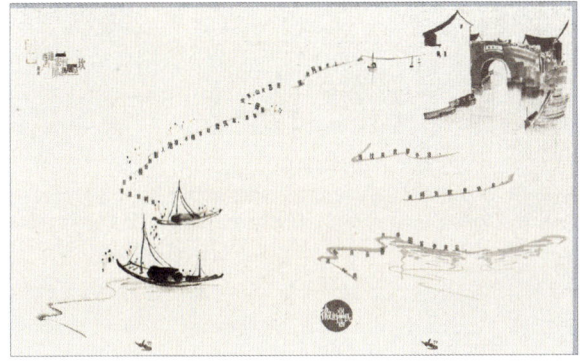

◆ 4-66 对角式 王晶 书籍设计
画面有意识地采用中国画的对角式构图形式，大面积的空白与对角型图形处理，增加了画面的意蕴。

4.2.7 张弛有度——密集式

密集通常是以数量的多少来进行表现，当画面元素以相当多的形式在某处聚集，其他少量元素在聚集以外的四周逐渐扩散，使画面产生疏密、松紧、虚实等对比效果。密集式包括预置密集式与无定形密集式两种。预置密集依靠画面上预先安置的骨骼线和中心线组织基本形的密集与扩散；相反，无定形密集不预置视觉元素，通过密集基本形与空间、虚实等产生轻度对比达到画面的均衡。

密集作为一种自然或者人类现象，存在于生活的方方面面，任何自然生物和人类社会都需要密集。自然界中非洲的野生动物迁徙是一种为了生存而进行的密集活动。植物的相互依存共同生长也是一种密集。现实社会中无论是原始人类还是人类为了生存也会选择密集的模式，如原始的部落群居，现代城市的现代发展。如果俯瞰地面，就可以看到人类为了更好地生存造就了不同的密集点，如熙熙攘攘的商场、攒动的人群，每到节假日景点与高速公路拥挤的车辆，一排排高耸的钢筋水泥，这些都是一种有节奏的密集。密集带给人们一种实实在在的空间感和温度感，密集是一个相对概念，与疏离互为一对矛盾体而共同存在。画面中基本形数量多与少的对比、面积与空白的对比、实体空间与虚有空间的对比等都能烘托密集的程度。密集式是自由度最高，最具灵活性的一种版式，密集构成的训练是审美感知的视觉转化，是对视觉艺术的情感体验（图4-67~图4-69）。

◆ 4-68 密集式 网页设计
画面通过点线面的密集区域设计，使信息更加突出，阅读更加愉快。

◆ 4-69 密集式 招贴设计
画面主体物不停地通过大小、方向、疏密进行密集，从而使人们更加关注主题产品，形成视觉中心。

（1）密集的基本形式

① 点的密集

在版式设计中，点的概念是相对的，图形、图像、抽象符号、具象形体、色块都可以称为点。在画面中设置一个概念性的点，基本形的排列不断趋近于此点。离点越近，基本形的数量越多，密度越大；离点越远，数量和密度越小。画面中相同或相似基本形集中向一个中心点聚集，形成了密集版式，突出视觉重心，数量的多少对比、面积的虚实对比增强了视觉冲击力（图4-70）。

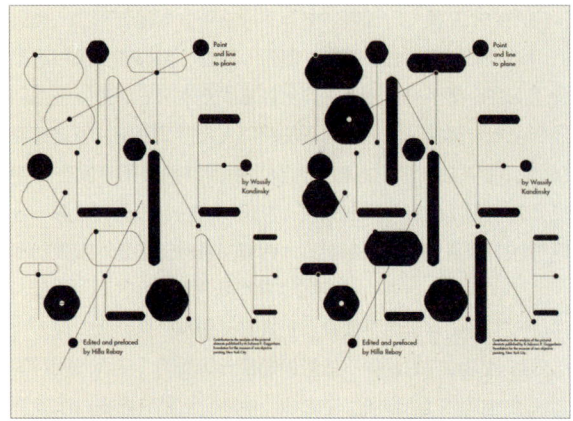

◆ 4-70 点的密集 封面设计
这里的点可以是真正的"点"，也可以是数字和字母的"点"，画面通过大小不同的点的疏密疏离，形成了富有节奏感的跳跃视觉效果。

② 面的密集

面在版面中可以是抽象的，也可以是具象的自然形态。在画面中设定几个概念性的面，用基本形的疏密形式来填充每个面，与点和线的密集相比，面的密集排列空间较大，有明确的造型特征，表现力最强，表现形式较丰富。当版式中各种视觉元素通过不断聚集，充斥整个画面，无形中会提升画面的紧张感，增加画面的关注度和视觉刺激（图4-71）。

◆ 4-71 点、线、面的应用 乌克兰设计师的巧妙应用
用特殊材料增加了面的感觉，在墙面制造出面的扩张感，成为视觉中心。

（2）密集的组合形式

① 图形符号的感性表现

版式中视觉符号的排列通过自由组合，或聚焦或疏离，分布在画面的不同位置，不受任何约束。抽象的点、线、面的密集增加了画面的不确定性。在这里，抽象的要素可以是几何图形、数字、字母；具象的要素的密集使画面更具紧张感和真实感。在实际设计中，为了加强密集构成的视觉效果，除了进行基本图形符号聚集，还可将图形符号进行重叠、覆盖、透叠等特殊放置，增强视觉空间感和层次感，使画面具有厚重感和视觉中心点。感性密集型常出现在招贴、包装、网页等设计中，这种版式灵活多变，根据内容需要可以进行各种形态的集中、重复、重叠等组合，画面增强了紧张氛围，使视觉注意力全部集中到画面中，最大限度地传达了作者的设计意图（图4-72~图4-73）。自由密集灵活性较大，在设计训练中要把握排列节奏，掌握表现方法。

◆ 4-72 点线面图形
文字作为抽象符号，进行点、线、面密集排列。画面充满紧张感和动感，大写粗壮的文字变成了面，贯穿整个画面，具有扩张感和无限冲击力。

第4章 包罗万象，呈天下于方寸之间——版式设计的形式

◆ 4-73 点线面醒目 特别限量的嘉士伯啤酒——令人愉悦的苦涩味道 包装设计
绿色点、线、面的趣味组合，增加了产品的青春活力和产品的特质，画面大胆、简洁，抽象符号的使用不但没有影响具体产品的形象，相反增加了视觉新奇感。

② 图形符号的理性表现

在实际设计中，我们通常受开本、设计内容、信息量、印刷模式等条件的制约，根据版式内容的需要，我们需要有意识地进行版式的划分与切割，这就是对图形符号的理性处理。比如报纸设计中，由于信息量的需求，版面通常采用理性密集的表现形式，这种密集是阅读的需求和最有利的信息传播形式。人们可以通过分门别类的信息载体进行信息的梳理和有意识的阅读，减少因对不同信息的筛选而浪费的时间。在书籍设计中，通篇文字的组合也是一种理性表现，这种密集是最大限度的信息传递。在当今快节奏的时代，人们对阅读的需求也产生了变化，比如各种信息载体的标题式密集安排，减少了人们对信息的筛选。在包装设计中，图形一般都在包装的正面进行理性密集，产品的相关信息一般放置背面或者底部，既不影响画面的美观，同时能够进行有意识的阅读。有意识的疏离还表现在国画的构图中，国画布局自古就是疏可走马，密不透风，这就是有意识的疏离表现，可以更加突出主题（图4-74~图4-75）。

◆ 4-74 陈长岭 书籍设计
画面大胆进行空白与色彩对比，通过强烈的红色表现中国特色，文字与图形有效地结合为一体，可以在阅读中体味视觉与心理的快感。

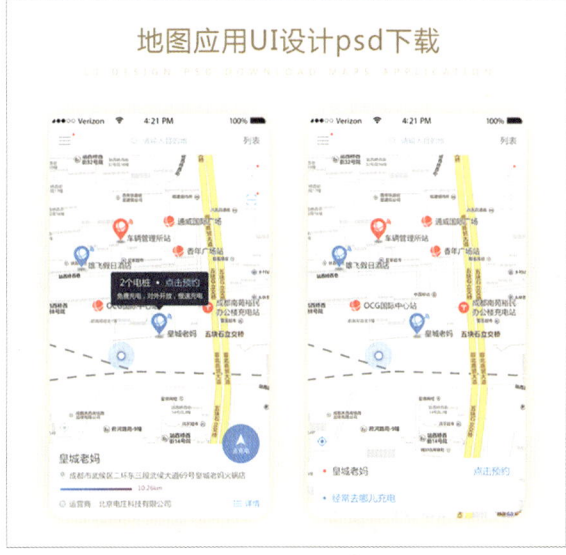

◆ 4-75 界面地图应用
简洁明了的图形符号具有明确的信息量，让人们在最短时间获取最大量的信息。

4.2.8 无拘无束——自由式

自由的最基本含义是不受限制和阻碍。在设计中,自由是在限定条件下的自我表现。自由在中国古文里的意思是"由于自己",就是不由于外力,是自己做主。在欧洲文字里自由含有"解放"之意,是从外力制裁之下解放出来,才能自己做主。自由设计源于后现代主义的美学理念,形成于20世纪的70年代末与80年代初,一直流行至今。现代版式设计兴起于欧美国家,以美国的大卫·卡森最具代表性。他以非常理的方式进行倾斜、反向来表现一种速度感和怪异感。它的作品或是留有大量的空白,或是制造紧张的气氛,或是在有限的空间中强调神秘的气氛。他把版式设计推到了一种极限,使人们在欣赏时无不惊叹它惊人的创造力(图4-76)。

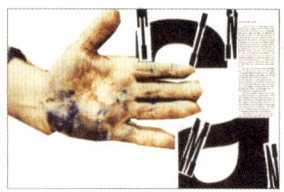

◆ 4-76 大卫·卡森作品
画面将所有元素都参与到设计中,大胆且动荡,让人触目惊心,大大提高了视觉冲击力。

自由版式打破了刻板的古典编排和网格设计的制约与局限,突出形式美感,一反以往的重功能轻装饰的倾向,追求一种原始的非理性的思维方式,体现了多元化的设计风格。在自由版式中,展现了非理性、游戏性及颠覆性的设计方式,在游戏的状态下,打破了传统阅读规律,在设计者的引导下进行一种文字游戏,时而是形式上的转变,时而是文字上的转变,充满了刺激性与紧张感。自由版式对形式的表现力非常重视,为了形式甚至可以牺牲文字的功能性——即可读性。后现代艺术对自由版式的影响极为深远,解构形式的应用在版式中也得到了充分的体现。各种设计要素可以从原来的从属地位上升到表现性元素的地位,是具有情感因素的表现实体。解构形式的运用充分体现了这一原则,在认识事物时,透过表面看实质,更具体、深刻地研究物体的内部结构与事物的内在美,了解其组成要素和对形态产生的影响。通过对客观事物的分解重组,产生出新的形式和内容使其更富有欣赏性,阅读更加轻松愉快(图4-77)。

◆ 4-77 赛车手——世界冠军阿姆斯特丹 广告设计
画面轻松、愉悦,图形与文字信息处理鲜明,相互叠加,增加了空间层次感。色彩醒目,富有节奏感,整个网页设计凸显了产品的功能和有效的信息含量。

自由以约束为前提,版式设计的约束就是开本的约束、印刷技术的约束、成本的约束、纸张的约束,在种种约束下能够打破各种条例,做到在有限条件下的自我解放才是真正的自由。现代众多设计者已经在有意识的状况下,主动打破各种限制,做到最大尺度的自由发挥。著名设计师吴勇在进行电影

《画魂》设计时,为了节省成本,在边角余料的纸张中进行最大限度的自由发挥,在设计"度"的把握上,吴勇体会深刻。"今天人们常讲'设计过度'这个词。对比以前,设计确实有了很大进步,但我并不认为存在'设计过度',只有不恰当的设计。"自由式版面设计实则是在"度"的范畴内进行的有意识的设计游戏。版面将众多构成要素作自由、随意的安排,可以产生轻松、活泼的气氛。中国画中的写意、书法艺术中的狂草其实都是经历了各种形式法则约束后的一种破解,达到了精神上与技术上的高度放松。在版式设计中,自由也是在一种限定中的自我表现,突破重围,破茧成蝶。自由可以分为文字的自由、图形的自由、色彩的自由,以往的文字排版都恪守字号、行距的理性依据,当我们不再以标题、内文、行距等具体的中规中矩的规则进行设计时,往往可以达到意想不到的视觉效果,画面增加了新鲜感和刺激性,能够紧紧抓住读者的好奇心理,在游戏中完成有效阅读(图4-78~图4-79)。

4.2.9 视线牵引——指示式

在版式设计中,为了实现有效的阅读,我们通常要设定视觉中心点或者进行视觉流程的牵引,指示版式就是通过有效的图形符号、色彩或物象进行明确的阅读传达。设计中利用视觉要素的编排形成一定的视觉导向,这种视觉导向通常可以是明显的箭头示意,也可以是图形的示意,还可以是文字的示意、色彩示意。在版面示意中,导向的最终处是画面的中心点,从而形成信息的焦点。当人们匆匆忙忙走在街头时,指示式版式就会起到有效的引导作用,日常生活中,这种无意识的阅读可以在导向的引导下实现信息的有效传达。通过疏密、大小、方向、色彩都可以完成指示式的版式设计,人们会在无意识的状态下通过有效的指示自动对信息进行分门别类的筛选,获得最大量的信息。如进入陌生的商城、公园,我们首先要看商城和公园的园区示意图,以此来确定自身的位置和目的地;出于安全考虑的各种建筑也进行了安全出口的指示设计;网页设计中的各种链接也是为了使读者能够最大限度获得信息和以最快的途径到达目的地而进行的指示式设计;各种图表、说明书和书刊目录也是一种最简单最明了的指示式设计。最有效的指示版式设计是能够在潜移默化中吸引读者的眼球与影响读者的心境。(图4-80~图4-82)。

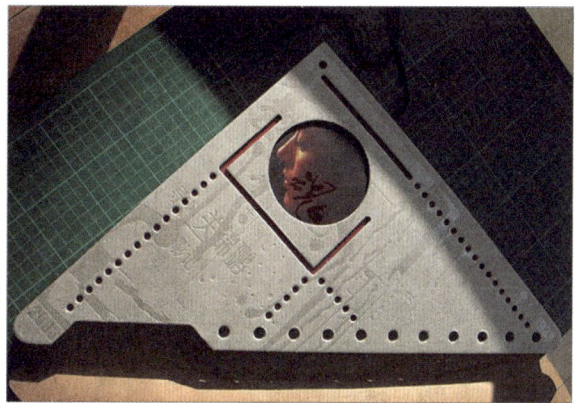

◆ 4-78 吴勇 画魂
设计师利用特殊的开本进行变废为宝的设计,整个书籍版式设计很好地把握作品主题,并利用特殊的版式将图形进行有效的处理。

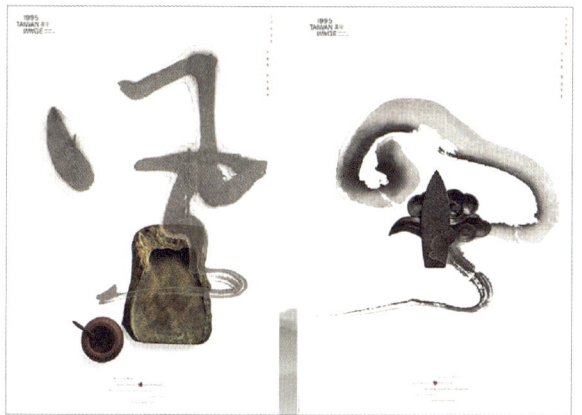

◆ 4-79 靳埭强 招贴设计
画面轻松自如,大量的空白营造了轻松自在的画面形式。书法艺术与设计形象自然天成,混为一体,虚实、强弱、一张一弛的对比使画面更具空间感和透气性。

◆ 4-80 指示式版面设计

◆ 4-81 指示式 招贴设计
有意识的橘色线条看似在不经意间引导读者进行分类阅读。色彩活跃、清晰，与背景形成鲜明的对比。

4.2.10 华丽转身——组合式

单纯的文字、图形、抽象符号组合往往容易产生厌烦感，不能有效地吸引人们的眼球，但是通篇都是各种图形、文字、抽象符号的组合又使人们感到窒息，因此掌握图形、文字、色彩组合的度是版式设计的重要原则。版式设计中一切可见的视觉元素，都称为形象要素。点、线和面是最基本的形象要素。形象要素的组合是一种极为微妙的关系，每一种形象要素在空间的形态、位置、大小、色彩等都可以影响甚至产生新的形态要素。在版式中，各种要素组合可以影响整个画面元素的塑造和提取，因此对于形象要素需要斟酌其内在的关系，以便创造出新的形体和空间要素（图4-83）。

◆ 4-82 指示式 俄罗斯KASKO汽车保险广告设计
画面虽没有明确的箭头或者符号，但是背景中灰色的线条却一直牵引受众的视线，让受众在不知不觉中完成了阅读。

4.2.11 会说话的文字——文稿式

版面设计中不加入插图或以文稿为主，插图仅作点缀的版面。整个版面仅以文稿或些许插图进行编排。在版式设计中，文字是重要的视觉流程要素，如果一件作品中的文字排列不当，缺乏一定的形式美感与装饰性，拥挤杂乱，就会对视线流动的顺序造成障碍，不仅会影响字体本身的美感，也不利于进行有效的阅读，所以难以产生良好的视觉传达效果。文字设计的成功与否，不仅在于字体自身，也在于其运用的排列组合是否得当。要取得良好的排列效果，关键在于找出不同字体之间的内在联系，可以从风格、大小、方向、明暗度等方面选择对比的因素。对不同的对立因素予以和谐的组合，在保持各自的个性特征的同时，又取得整体的协调感，实现生动对比的视觉效果（图4-84~图4-85）。

为了使设计的作品在整体上统一，具有视觉审美价值，文字组合效果需要从字体、大小、粗细、色彩、方向、明暗度等方面选择相同的协调因素。使对比与协调的因素在充分表达主题的前提下得到合理的运用，这样能实现既对比又协调的视觉美感。文字组合的目的是增强视觉传达功能，赋予审美情感，人们的阅读习惯是版式设计中首先考虑的因素，诱导人们进行阅读，因此在组合方式上就需要顺应人们的视觉流程和心理感受的顺序。

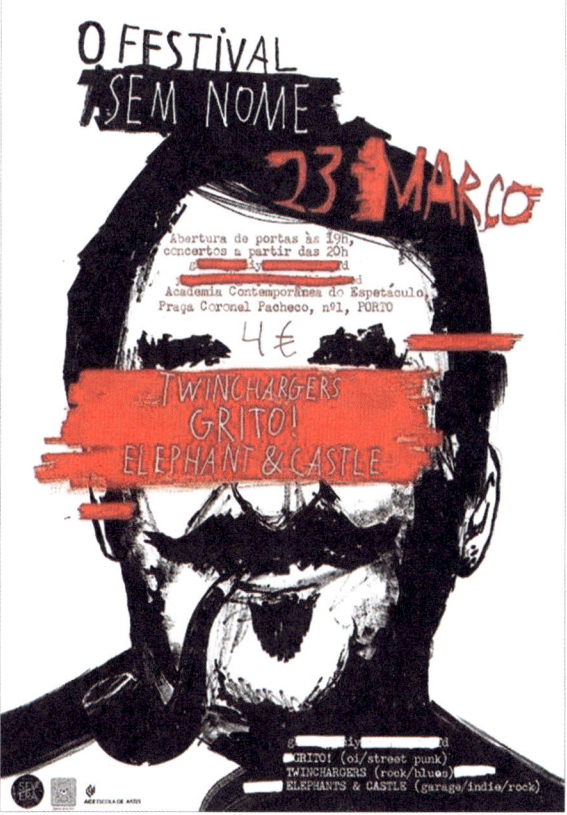

◆ 4-83 招贴设计
文字与图形叠加组合，色彩对比强烈，文字书写轻松自如，整个画面表现生动。

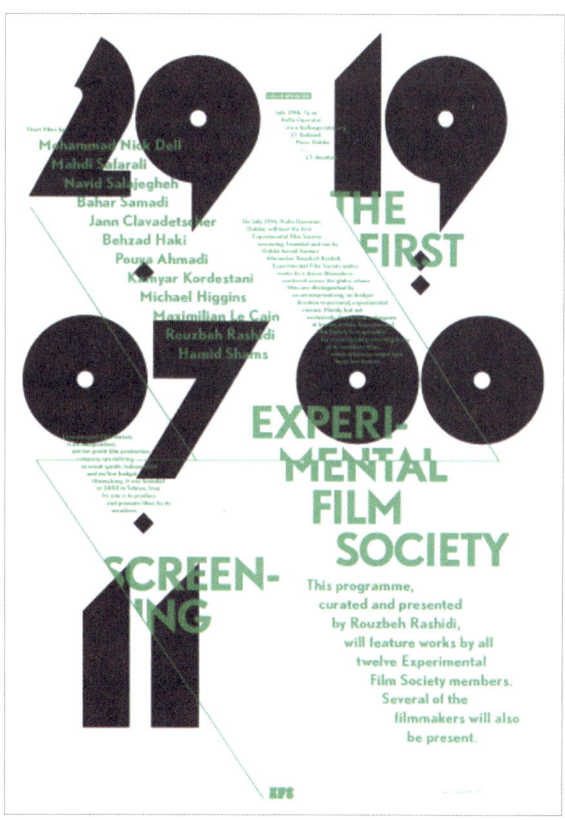

◆ 4-84 文稿式 国外展览海报设计
不同字体、不同色彩进行组合，画面简洁生动，主体信息明确。

◆ 4-85 文稿式
有意识的文字裁切即打破常规的设计形式，增加了文字的新奇感和冲击力，同时层层叠加的视觉效果产生了新的图形语言。

（1）不同方向的视觉流变

人们的阅读具有一定的心理定式，只有符合这种定势才能产生愉悦感。在水平方向上，人们的视线一般是从左向右流动；在垂直方向上，视线一般是从上向下流动；大于45°角时，视线是从上而下的流动；小于45°角时，视线是从下向上流动。这种基于科学角度和生理感知的视觉流变，产生了我们今天的版式设计的视觉流程，使我们在设计时主动顺应这种变化（图4-86）。

（2）外形特征产生的流向变化

不同的字体因其结构不同，字形不同，具有不同的视觉动向。例如，扁体字有左右流动的动感，扁体字适合横向组合；长体字有上下流动的动感，长体字适合作竖向的组合；斜体字有向前或向斜流动的动感，斜体字适合作横向或倾向的排列。因此在组合时，要充分考虑不同的字体视觉动向上的差异，再进行不同的组合处理。合理运用文字的视觉动向，有利于突出设计的主题，引导观众的视线按主次轻重流动（图4-87）。

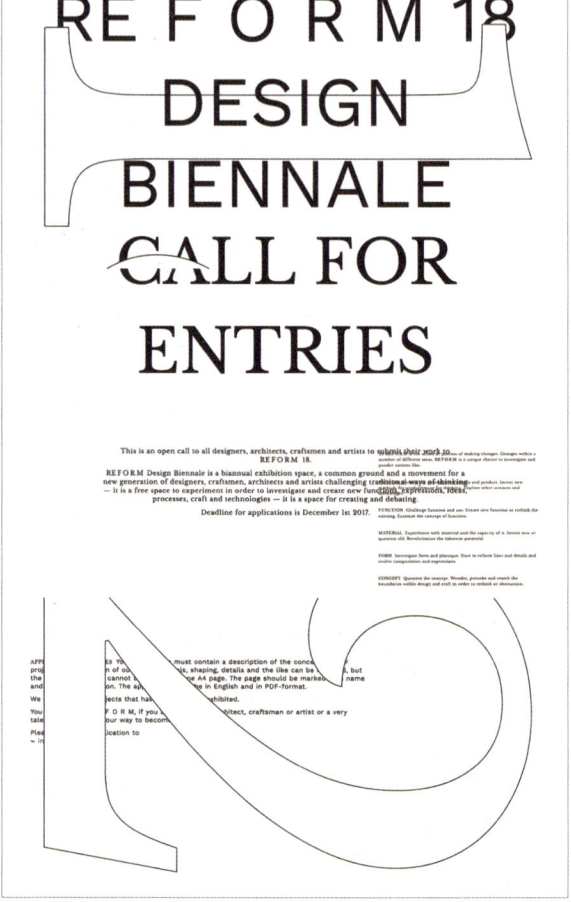

◆ 4-87 丹麦设计双年展
字体简洁流畅，主题突出，不同文字的多重组合与疏密对比使画面变得清晰、明确。

（3）整体基调的和谐

因设计者的文化背景、社会地位及所处的地理环境不同，形成不同的审美意识，不同的审美意识造就不同的审美风格。对作品而言，每一件作品都有其特有的风格。在这个前提下，在整体风格确定的情况下，一个作品版面上的各种不同字体的组合，一定要具有一种符合整个作品风格的倾向，形成总体的情调和感情倾向，不能使各种文字各自为政，各行其是。总的

◆ 4-86 文稿式
此作品设计符合视觉流程，整个画面风格新颖，线、面虚实对比强烈。

基调应该是整体上的协调和局部的对比，于统一之中又具有灵动的变化，从而具有对比和谐的效果。这样，整个作品才会产生视觉上的美感，符合人们的欣赏心理。除了以统一文字个性的方法来达到设计的基调外，也可以从方向性上形成文字统一的基调，以及色彩方面的心理感觉、黑白灰的画面效果来达到统一基调的效果等（图4-88）。

◆ 4-88 舞蹈海报
　主题明确，图形与文字表现自然天成，富有动感，人物的肢体语言同文字整体基调统一。

（4）负空间的合理运用

负空间也就是我们通常所说的图与地的关系中的"地"。在中国画中，我们非常注重空白空间的处理。在文字组合上，负空间是指除字体本身所占用的画面空间之外的空白，即字间距及其周围空白区域。文字组合的好坏，很大程度上取决于负空间的运用是否得当。字的行距应大于字距，否则观者的视线难以按一定的方向和顺序进行移动。不同类别文字的空间要做适当的集中，并利用空白加以区分。为了突出不同部分字体的形态特征，应留适当的空白，分类集中。负空间并非实体安排所剩余的空间，它是具有与实体同等价值的表达元素，这种元素具有独立的审美价值（图4-89~图4-91）。

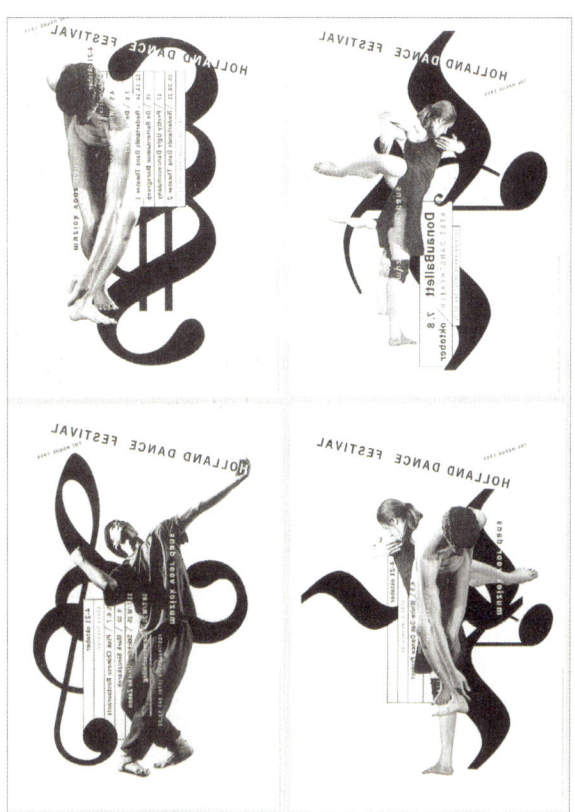

◆ 4-89 索诺里黑白空间
　正负空间可以产生纵深感和空间感，增加画面的形式美。

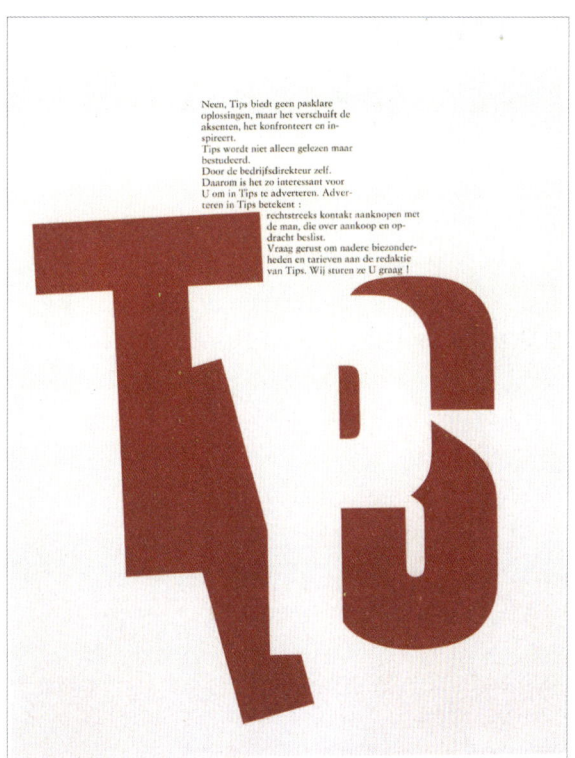

◆ 4-90 惕思招贴设计
　叠加字母图形增加了画面层次，同时虚实对比可以使原本呆板的画面变得活泼。

◆ 4-91 招贴设计

4.2.12 标新立异——特异式

特异也叫变异、突变。特异就是打破常规的视觉规律，在众多构成要素中，形成一种强烈的节奏反差和虚实对比；或在众多相同或相似的要素中加入与之相反的要素，形成形体对比、色彩对比、方向对比、肌理对比、重心对比等。在有规律的秩序中变异部分图形、色彩或文字，以求打破秩序的宁静感，造成画面的动感，增强版式的趣味性。特异版式是在重复、渐变、近似等版式基础上形成视觉上的凸显，从而达到展现自己的目的（图4-92~图4-93）。

特异现象普遍存在于我们的生活中，如逆向通行的交通工具、舞台中央服装独特的领舞者、造型独特的建筑、曲高和寡的音乐等。版式设计中这种特异还表现在打破陈规的设计理念，如饮料包装中的色彩特异，人们熟悉的饮料色彩被反常规的颜色打破，但是可以获得意外的收获。时装设计中材料的特异、家装中的混搭风格、建筑中的尖顶教堂、原住民夸张的饰品、特殊的图腾色彩等都属于特异表现。特异式是一种对比，在大氛围统一的前提下，突变小部分的秩序或形态，以引起视觉紧张、打破单调，重新建立视觉聚焦点，营造视觉冲击力。

特异在现代版式设计中有着重要的作用，在海报设计、书籍设计、包装设计、网络设计中被广泛应用。这种有意识的个别视觉要素凸显，可以有效引起受众的关注，同时增加产品、个人、形体等的独特魅力（图4-94）。

在版式设计的具体应用中，把握特异部分的比例非常重要。特异效果不明显，会降低观者的观赏兴趣；过分强调特异效果，则会破坏画面的统一性。选择准确的视觉形象，运用适当的构成形式，将会创造出视觉振奋、奇特、刺激的优秀设计作品。

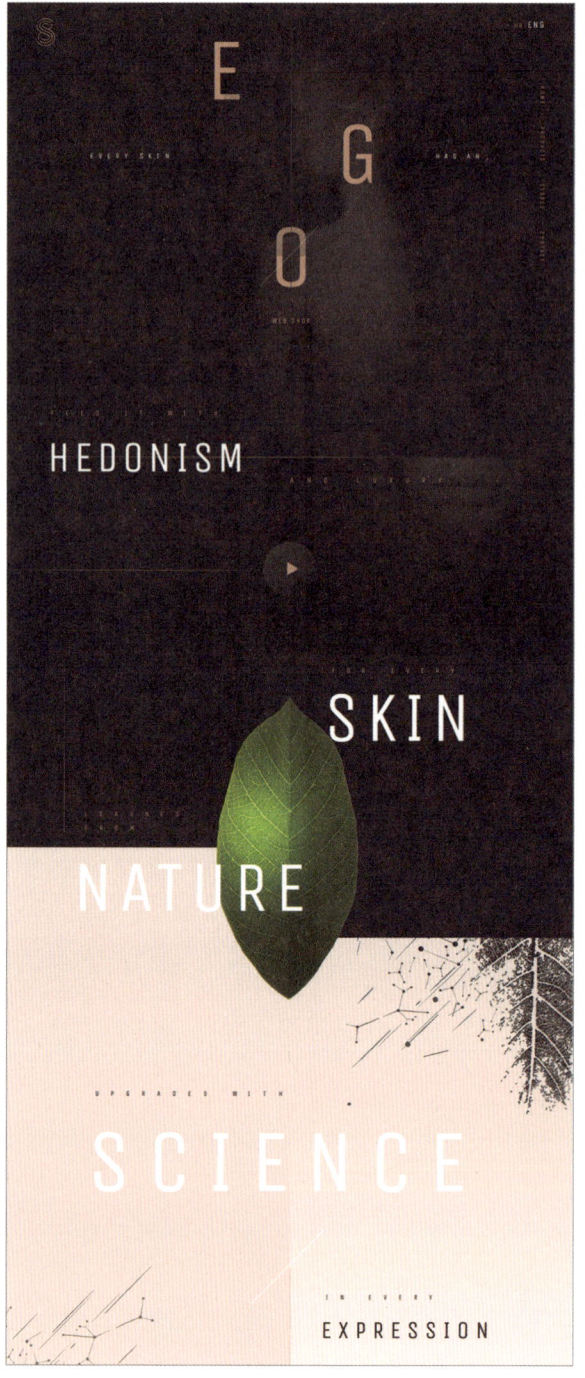

◆ 4-92 特异式 Skinfinity——活性物质比例的护肤品广告设计
绿色图形与背景、文字形成鲜明对比，成为画面凸显的主题，有效地表现产品特征。

第 4 章 包罗万象，呈天下于方寸之间——版式设计的形式

（1）大小的特异

这是普遍存在的形体差异。大与小本身就是矛盾体，通过有意识的凸显，在画面构成中通过基本形的大小来强调某一独特的形象，将会形成更突出、更鲜明的视觉形象（图4-95）。在现实生活中，用长度、水量、容积的大小来形容江河、湖海，用海拔的高度和绵延的范围来形容不同的山脉，不论是高度、宽度、深度、容积，只要有区别，就会有大小的对比与特异形态。

◆ 4-93 特异式 不同的自然——Sagres Radler啤酒
同类图形色彩特异，突出不用的产品性能与特征，画面诙谐有趣。

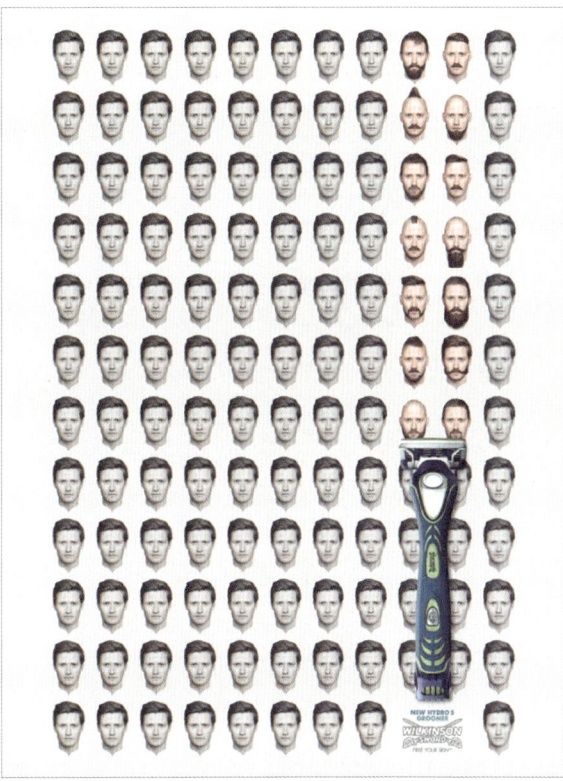

◆ 4-95 大小特异 Wilkinson Sword刮胡刀平面广告
用超乎日常认知的表现手法进行产品宣传，小小的头像与特大的剃须刀形成鲜明的对比，夸张的特异对比增加了趣味感。

（2）形状的特异

在重复或近似的版式中，可以变异个别基本形的形象，与其他基本形形成对比，以增加画面趣味性的构成方式。形既是具体的，也是抽象的，中国画中的形就具有这样的特征。西方古典绘画的形就是在架上绘画中塑造了二维空间中的视觉假象，因此这个形可感、可触，亦可想象、可预知、可体味，每个形因其所附的客体不同，具有不同的品格特征（图4-96）。

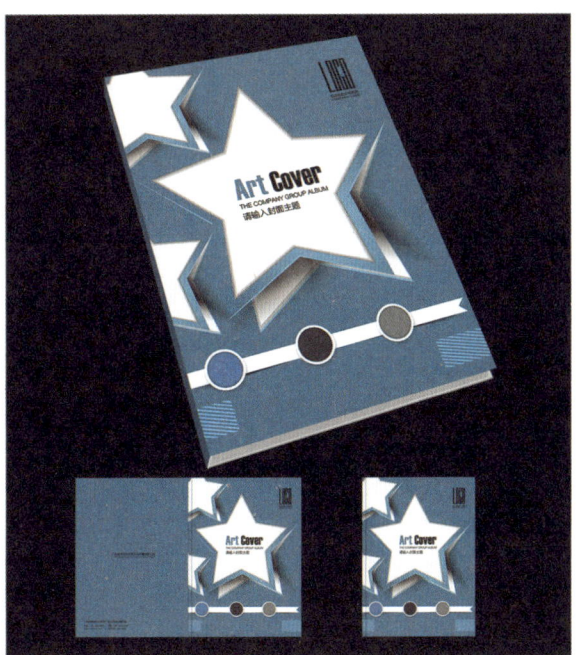

◆ 4-94 特异式 书籍封面设计
封面材料与表现手法与众不同，立体裁切使书籍增加了趣味性。

版式设计

◆ 4-96 形状特异 不同的自然——Sagres Radler啤酒
这是特殊形状与色彩凸显的广告产品。

（3）方向的特异

地理学上所讲的方向主要指东、西、南、北四个方位，设计中的方向是在方寸之间进行的上下左右的位移变化。在规律的版式设计中，有意改变某些视觉元素的排列方向，可以形成方向对比（图4-97）。

◆ 4-97 方向特异
不同方向、不同元素表现不同产品和主题。

（4）肌理的特异

材料亦称材质。材料本身固有的质地、肌理、色泽和不同材质的组合可给人以美感，包括材料外观对人的生理效应（如纹理、色泽引起的视觉感受）和心理效应（如质地、肌理所引起的触觉感受）。材料质地自然形成的或着意加工形成的纹理、肌理、色泽，也是产生艺术魅力的因素之一。材料的光与涩、明与暗、粗与细、杂与纯，都可以形成对比或变化的美的效果；各种新型材料、复合材料所具有的肌理感，也具有材料美的感染力。在相同或相异质感的肌理效果中通过突变小面积的肌理材质或形成规律，可以形成特异的效果（图4-98）。材料对其创作者是可以运用的条件，也是一种制约。善于发现材料固有的美质并加以运用是创作者的手段之一。

◆ 4-98 肌理特异 菲亚特汽车安全气囊平面广告
通过局部物象符号的转变，整个气囊充斥画面，形成鲜明的肌理对比，同时表现了产品的安全性、可靠性。

（5）色彩特异

色彩作为重要的视觉元素，本身具有冲击力，在现代绘画、传统绘画、民间艺术中，色彩的表现形式都是人们热衷的视觉语言（图4-99）。印象派画家高更的绘画之所以受到关注，其主要原因是他来到南太平洋的塔西提岛和土著人长期生活在一起之后，受到土著文化和地域特色的影响，画作摆脱了欧洲传统的艺术风格，以主观的浓烈情感为创作主体，画面充满大胆的色彩对比，以某种"暗示"和"象征"代替叙事性描述，以对平面的自由支配代替了透视、光影、立体、造型等法则。在技法上采用色彩平涂，注重和谐而不强调对比，画面率真、单纯化、近于原始艺术的造型和配色，显示出大自然的提示带给他的独特艺术感受。民间艺术的造型、色彩都源于对生活、生产劳动的热爱。

（6）特异骨骼

在规律性版式设计中，通过变异部分版式的图形符号、形状大小、方向位置，骨骼会产生强烈的视觉对比效果。特异的图形符号打破呆板的版面形式要素，形成变异和异于常理的表现，有效地突出主题；变异部分的骨骼框架没有产生新的规律，只是原整体规律在某一局部受到破坏和干扰，这个破坏、干扰的部分被称为规律的突破。这样的版式设计有利于突出重要的信息并进行传达，局部的特异有助于打破呆板的版面，在统一中寻求一种灵动感（图4-100）。

◆ 4-99 色彩特异 花中的黑美人
黄色与粉色形成鲜明对比，凸显画面主体。

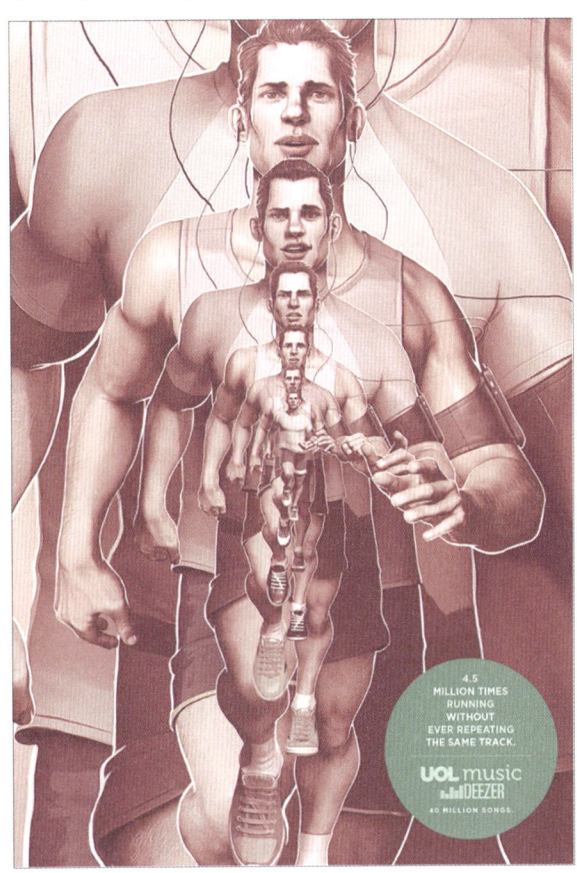

◆ 4-100 骨骼特异 没有重复相同的轨道——UOL Música平面广告
古怪的渐变与重复表现了一定的规律和空间，画面层次丰富，变化多样。

教学实践

文稿式版式设计使文字变成了设计主体,不仅是信息的传达,图与文、文与图相互渗透,变成具有特殊寓意的图形表现符号,因此画面具有生动、活泼的视觉与心理感受(图4-101~图4-102)。

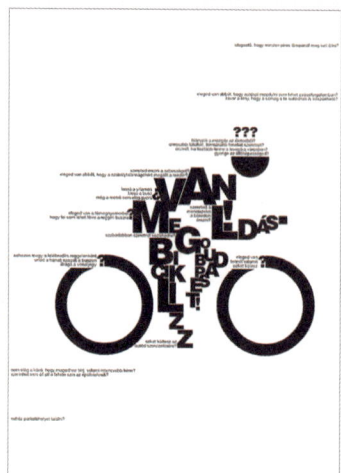
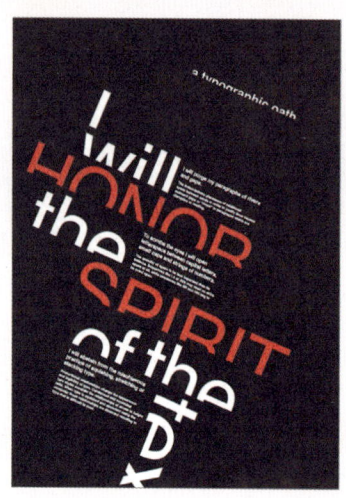

◆ 4-101 文稿式设计作品
不同的主题,但都是用文字作为主体进行设计。上左图通过对行首字母的特意表现,把首字母进行特写,变成最醒目的黄色;上右图将文字与图形相结合,不同的表现形式和图形语言形成速度感和运动感,文字变成了图形结构的支撑点,具有稳定性;下左图局部文字的特异构成成为画面的亮点;下右图法国巴黎Vertical传播机构通过动感炫酷的文字翻滚特效设计,表现了传播的速度与未来时空。

◆ 4-102 文稿式设计作品 KYRO酿酒品牌平面广告
酒瓶标签通体采用文字作为设计要素,凸显品牌的文化价值,整个设计安静、稳定,仿佛诉说品牌的历史。

设计点评

同样的文字，不同的形式语言，不同的设计符号，表现了多样的画面形式，这就是版式设计中对文字的不断提升与深入研究，只有通过多角度、多形式的组合和表现，创意才会更加具有说服力和表现力（图4-103~图4-108）。

◆ 4-103 文稿式设计作品 中国文字 乐而不厌
文字解构后变成图形要素，通过文字符号的重新组合，既表现了传统文化，又增加了图形的新奇感。

◆ 4-104 文稿式设计作品
通过特异变形和文字方向的改变，大胆对文字进行裁切，画面进行了大小、粗细、方向对比，动静相宜。

◆ 4-105 文稿式设计作品
文字与符号进行转换，文字的信息特征变得次要，图形特征更加明晰，形成了具有鲜明外形特征的特殊文字表现。

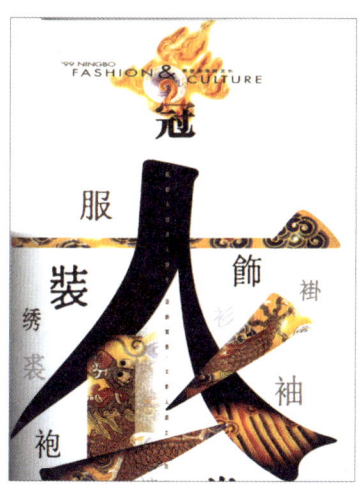

◆ 4-106 韩秉华 苏州丝绸展字体设计
画面文字与图形紧密结合传统文化，表现了苏州丝绸的等级与历史，图形符号表现恰到好处，色彩鲜明，整个设计大气端庄。

◆ 4-107 文稿式设计作品
画面色调典雅，富有内涵，整个设计让人能够通过文字与符号的抽象表现进入设计者的主题。

◆ 4-108 ron Jancso字体海报设计
画面充满了悦动的符号，色彩和谐、安宁，在作者图形化表现形式中可以深深感受到这种精巧的构思后所隐藏的对文字的眷恋。

课后练习

无论书籍设计，还是包装设计，信息的传达是最主要的，所以在实际教学中，我们充分发挥学生的想象力和创作力，进行文字游戏的开发与表现（图4-109~图4-110）。

  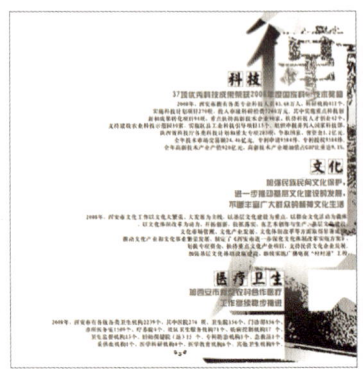

◆ 4-109 罗吟 书籍设计
该设计采用反传统的图形语言表述，通过文字的大胆解构、错接、虚实对比等手法，表现了文字图形的魅力。

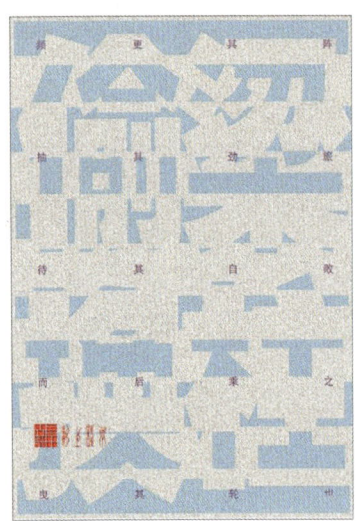 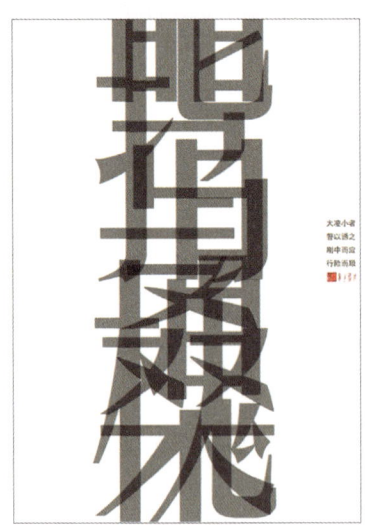 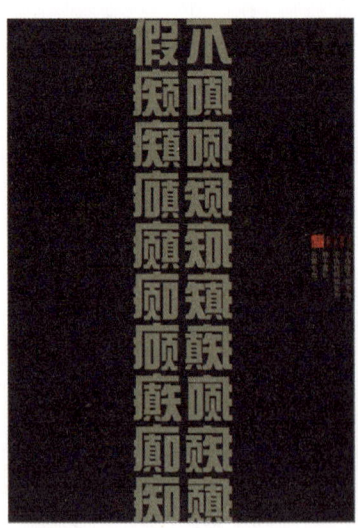

◆ 4-110 高振中 纸上谈兵——三十六计系列招贴设计
这组设计通过对古代兵法的重新认识和理解，在纸面的二维空间创造了动荡不安的因素，让人感受到硝烟弥漫，并且对传统文化有了认知。

第5章 如何变成版式设计的空间分配

高手——有限空间，无限遐想

版式是视觉传达的重要语言，如何在方寸之间进行有限空间的无限延展，成为设计师的永恒主题。独特的视角和鲜明的个性表现是版式设计的鲜活生命力，版式设计中空间的运用是设计的精髓所在（图5-1）。

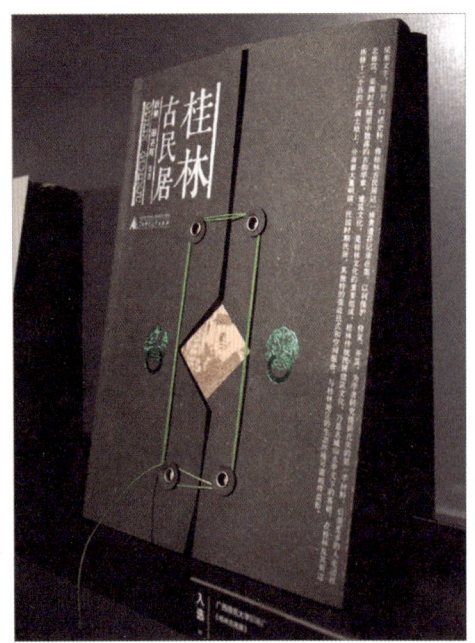

◆ 5-1 书籍设计
方寸之间尽显无限空间，封面设计采用了特殊材料，中国传统元素被有效利用。

5.1 版式设计中空间的概念

空间在《辞海》中的解释为"运动着的物质的存在形式"，空间在架上绘画中是一种二维的存在形式，但在这里我们并不仅仅指狭义的空间存在和具体表现，而是指超出客观存在实体的空间表现。现实中的空间是指物质的大小、方位，是人类、自然普遍事物存在必不可缺的基础。绘画艺术中的空间是通过画面的起伏、叠加、透视、明暗等进行虚拟的想象和联想的空间表现。艺术空间是对现实生活的提升和媒介的加工偏离了客观对象却又符合人们审美的表现形式。在视觉传达设计中，空间不再是原有的意义转达，通过图形或文字的巧妙组合，通过独具匠心的创新表达，形成独树一帜的画面形式。空间的界定需要视觉符号的配合，在维度空间中放置有效的符号体系，空间才会明确并具有维度效应。

版式设计就是将视觉要素进行有效整合与组织安排，受不同空间的界定，因此设计各要素通过不同形式的组织和表现，有效地被安放在限定空间中，形成空间的相互约束和制衡。这里的空间可以是实空间，也可以是虚空间。虚空间也是有效空间，甚至在实际设计中它并不是我们理解的毫无意义的消极空间，可以更加有效地突出主题，积极参与设计。版式设计就是各种图形符号的互相牵制、相互制约，互为主体，每一个图形符号都有自己的主体形状，受到边界、周围形态、色彩等因素的制约，相互的顾盼形成了不同的版式空间，造就了具有实体意义和偶然形态的产物。当空间作为消极因素隐藏于实体图形之后时，它处于一种静止的状态，但是当它与主体积极互动且形成抗衡时，变得积极、活跃，形成具有实体表现的活跃空间，这时版面具有的空间就是流动的、积极的、显而易见的（图5-2~图5-3）。

◆ 5-2 招贴设计
文字符号的虚实、叠加、大小等对比形式使画面具有空间和层次。

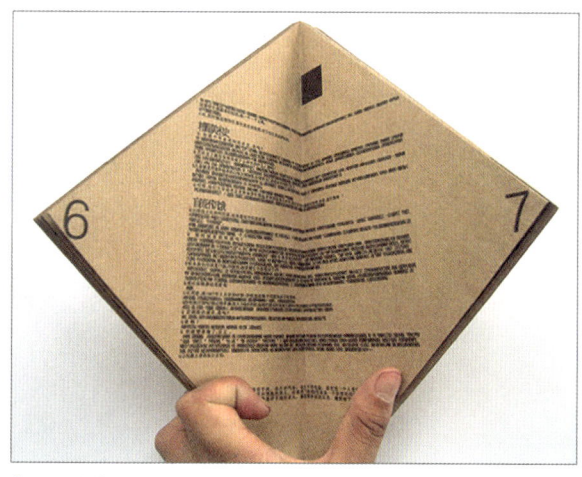

◆ 5-3 书籍设计
特殊开本的版式设计需要设计者充分发挥想象力,做好版心和开本之间的形体空间表现。

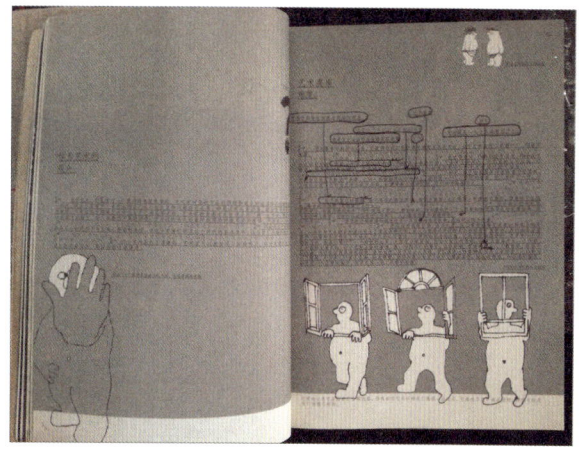

◆ 5-4 《艺众》书籍设计
版式设计大胆、创新,将非常规表现形式集中体现在内页中,让人们仿佛感受到了不同的设计载体。

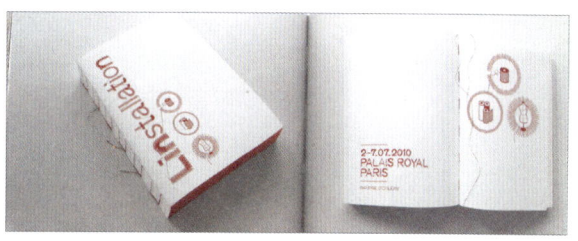

◆ 5-5 书籍设计
大面积的空白与局部的红色形成鲜明对比,版面语言简洁,给读者留有非常充分的想象空间。

干受之先生曾经这样评价平面设计的空间:"所谓平面设计,所指的是在平面空间中的设计活动,其涉及的内容主要是二维空间中各个元素的设计和这些元素组合的布局设计。其中包括字体设计、版面编排、插图、摄影的采用,而所有这些内容的核心是在于传达信息、指导、劝说等等。"版式设计通过图形、文字符号的有效表现,相互作用,形成不同的空间架构。形与形的交替表现、图形与文字的相互翻转、文字图形、图形文字都成为设计的重要表现手段和风格体现,因此空间结构变得更加生动和具有感染力,通过直觉经验和心理体验想象着版式中的空间艺术,感受空间的多元与多变。

版式设计的空间是一种视觉上或心理上的定式表现,也可以称作一种想象和现实之间的嫁接,主题的明确表现可以产生视觉轨迹的流动或者层次分明、条理清晰的空间制式,可以是连续不断的运动轨迹,也可以是间隔有序的节奏表现,还可以是递阶式的渐次表现,总而言之,都是为了突出主体形象,拉开空间距离。因此空间的意义是广泛的,是被设计者时刻关注的主题,具有巨大的表现力,可以传递重要的信息和符号语义。空间概念的形成不要仅仅停留在以往的三维表现形式,经过不同的组织形式可以有效提高版面的注意力,成为视觉中心。空间表现随处可见,好的空间是大胆的空白,好的设计师不是进行空间设计,而是进行设计的空间表现,所以当我们面对有限的维度表现时,首先要做的就是空间的层次与体力结构设计,这样才能更好地拥有设计表现力(图5-4~图5-5)。

5.2 如何做到游刃有余

面对众多的符号体系,初接触设计时肯定会手足无措,但是只要掌握了有效的空间表现形式,就可以设计出具有感染力的版面。

5.2.1 主题突出,层次分明

版面设计要在瞬间抓住受众的心理。人们在进行阅读时,有个七秒定律,这就是告诉设计者,瞬间的传递至关重要,版式设计要有节奏、有秩序,从而突出主题。独特的符号体系和个性的视觉传达是设计的生命力,通过情感的附加和图形符号的多解性，编织成一个具有严密组织空间和审美层次的版面布局。积极调动文字、图形、线条和色块诸因素，赋予它们创造性的寓意，变成具有灵性的符号体系，最大限度地吸引视线。画面要有绝对的主题，空间关系要具有明确的层次，还原为黑白灰能够有效进行层次管理，这样的版面就不失为好的层次分明的空间。根据有效信息的读取，版面空间可以从功能上进行信息的有序分割和组织，报纸设计中的网格体系就是明确的信息分割体；书籍设计的环衬、扉页等部分同时具有鲜明的层次和空间秩序感；建筑设计中体块的空间划分和虚空间的设定都是明确的主题体现；平面设计中的空间艺术是一种想象空间，是一个多元空间。对空间的分隔可以由理性上升为感性的分隔，有意识的对比、统一、均衡、渐变、群组、重复、特异和比例是其理性规律的运用，当设计者对版面进行突破时，画面就具有了破中有力的空间语言（图5-6）。

有，都是设计师和受众通过最合理的空间使用进行最大限度的信息交流。主体形象居于画面中心，会具有紧张感和无形的内敛、凝聚感；主体形象居于画面四周边缘，会产生扩张、奔放感；主体形象居于左侧边缘中心，具有舒适、流畅的感觉；主体形象居于右侧边缘中心，具有沉闷和抑郁感；主体形象居于画面的上方，会产生一种上升、飘逸感；主体形象居于画面的下方，会产生下坠感、凝重感；主体形象偏离视觉中心，会产生灵动感；字距、行距密集有紧凑感和紧张感，字距、行距疏散有清新感和从容感等（图5-7~图5-8）。

◆ 5-7 VI模板设计
整体风格统一，为设计者提供了良好的版式类型，整个设计模板轻松，变化类型丰富。

◆ 5-6 包装设计
通过文字、图形大小、色彩的多重叠加，制造了画面的层次和多重空间，整个包装设计饱满、生动。

5.2.2 组合的多变性

不同的空间组合会产生不同的视觉与心理体验。在版式设计中，要想有效地突出版面内容之间的紧密关系，最重要的表现方式就是空间的多样运用。空间的缺失和空间的富余都是版式设计中经常要遇到的问题，这就是设计灵感迸发的时刻，因此我们要积极创造和解决空间的缺乏和过量，设计方案的解决和创造就是通过生动的、新颖的、具有生命力的、值得信赖的空间创造而得到新生。空间的视觉交流往往通过图形、文字、色彩进行布局，无论是主动的空间配置，还是被动的空间拥

◆ 5-8 品牌网页设计
大胆的空白与民族图形色彩的运用，可以凸显品牌独特的设计风格，整个画面没有过多的服装表现，但是通过抽象的点、线、面让人们深刻感受到设计的魅力。

具体应用时，版面组合经常遇到两种形式，要么需要解决大量充斥空间的信息，要么需要在空荡荡的版面进行微量的信息传递，所以要处理好遇到的空间问题，设计出具有冲击力的作品，就需要对设计符号的信息进行有效的联系，强化信息的相似性和同类性，加强图形之间的形体特征的关联性和特异性，做到含而不露，藕断丝连。

5.3 如何使方寸变为汪洋

版面的有限性决定了它的局促感，如何在有限空间创造无限生机，就需要进行合理的虚实空间的留白处理。版面中的虚实相生是重要的设计形式。中国画论讲"空本难图，实景清而空景现；神无可绘，真境逼而神境生"。中国传统美学中讲究"计白守黑"。在版式设计中，"黑"也就是我们通常所说的图形与文字，是可看可知的部分；"白"是版面未放置图形与文字的空间，它是"虚"的表现手法，它与图形文字一样，具有同等重要的作用，这种元素具有独立的审美价值。空间上的实形与虚形的比例有效配置，就是要灵活进行虚形与实形的比例，留白要进行有意识的处理，不要以填满信息、有效占有版面作为设计的标准，那样的设计只会让人感到窒息。虚形的空间设计是为了有效地突出实形，只有注重实形与虚形的比例关系，才能取得一定的视觉舒适感。留白是为了烘托主题，"黑"与"白"相互依托，又可称为正负形的相互融合。图形与文字的内容是"黑"，斤斤计较的却是虚空的"白"。留白的形式、大小、比例，决定着版面的质量。"白"的作用可以使版面感到轻松，引人注意。黑白之间的虚实相生，没有绝对的分界线，相互派生，相互融合，具有视觉冲击力。"疏可走马"，是指版面要大胆地留出空白。"密不透风"指版面上的图形或文字要构成团块，具有整体统一的秩序感（图5-9~图5-10）。

◆ 5-10 空间表现 招贴设计
这是一种平面不平的设计理念，画面色彩对比强烈，大胆的透视表现让人感受到图形的压力和表现力。

留白从字面上理解就是无字、无像、无图形符号的表现，它是"虚"的特殊表现手法，是一直被广泛应用的一种设计方法。空白可以使画面具有透气感，直接影响版面的风格和成败，影响受众的视觉心理。版式设计中重要的设计准则是多做减法，少做加法，留白就是减法的极致运用，留白的有效使用决定了空间的"度"，有意识加大的行距、间距，为了突出主体图形而进行的留白空间，都能够最大限度地烘托主题，给人想象空间，使观众感受到呼吸的自由和阅读的畅快。如何使信息传达保持条理性，就需要通过空白空间创造出的空白路径，有效地强化页面主体信息。空白空间的大小、疏密、形态、空间关系的处理决定了画面空间的排列及视觉流程走向。在版面设计中，视觉元素的竖排或是横排，空白空间就像一个隐形的标注和划线，使我们能够顺利地阅读信息，版面看起来更有序、成熟，强化了信息的传达。

虚与实，图与底，说的都是画面空间——正负空间的关系，正空间就是画面中具有主导作用的图形，负空间就是起到陪衬作用的具有空间距离感和模糊感的部分，空白的处理也就是画面的空间设计。设计师应从画面整体出发，以敏锐的洞察力分析图形与空间的关系，留白有助于视觉向"对象"集中凝聚。而此时所要传达的信息却是空间中的点缀、空白里的视点。负空间是画面空间之外的空白，为了突出不同图形的形态特征，应留适当的空白，分类集中。负空间并非实体安排所剩

◆ 5-9 空间表现 招贴设计
画面通过黑白对比和平面与真实空间的设定，进行三维空间的转换。

余的空间，它是具有与实体同等价值的表达元素，空间在构图上有着不可忽视的作用。这种构图上的有意识"少"，却在画面和心理定式上得到了"多"。有意识的空间表现能够最大限度地达到吸引视线进行传播的目的。虚与实作为一种表现形式是在有意识地彰显主题，画面构成中必须有虚有实，虚实呼应。画面的主体要"实"，客体要"虚"，"虚"是为了突"实"，应该藏虚露实，宾虚主实，才能做到具有独立的审美价值。设计应是实用审美的统一，设为虚，计为实，设计师要利用简洁的视觉元素对画面进行空间处理。得当而独特的空白空间，赋予画面更多的趣味性与吸引力（图5-11~图5-13）。

◆ 5-13 无印良品招贴设计
画面简洁、冷静、超然，符合无印良品的设计风格，表现了纯天然无雕琢的质朴特征。

留白可以通过色彩留白，通过虚实留白，更能增加图形与文字的生命力。当我们被随处可见的信息淹没时，受众会有意识地回避，所以留白的巧妙运用，就会成为版式设计中最为突出和最为有效的表现形式。空白空间往往在版面上被处理成次要地位，并不显而易见，隐藏于文字和图形之下留白。但是空白空间使版式艺术得以完整有效地表现，成功弥补现代人心理和视觉上的需要。空白空间需要最大限度地发挥人们的想象力，在中国传统书籍设计中，可以看到留白的历史与表现力，大量古籍书籍设计让我们感受到了在安静阅读的同时，获得一份宁静。面对重要设计元素，空间留白就是最好的表现手段，留白使视觉中心变得更加饱满和突出，次要的元素可以通过空间的调整，造成版面的空间层次，使画面内容表达更含蓄，变得具有条理性和秩序感，更有意境，引发读者的联想（图5-14~图5-15）。

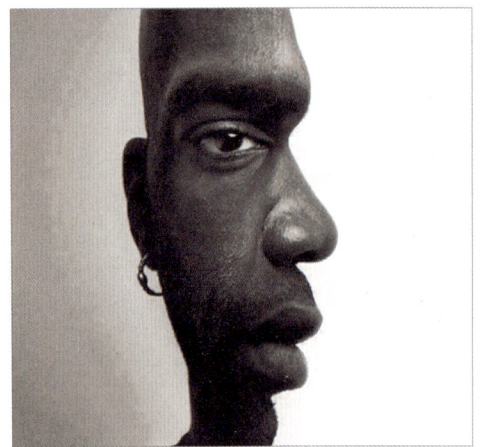

◆ 5-11 空间表现 招贴设计
正页空间的砖化形成了独特的图像信息和趣味性，更受受众喜爱。

◆ 5-12 空间表现 招贴设计
负空间更能引起观者的兴趣，会在有意识与无意识中幻想负空间的形体，恰好完成了设计者的表达内涵。

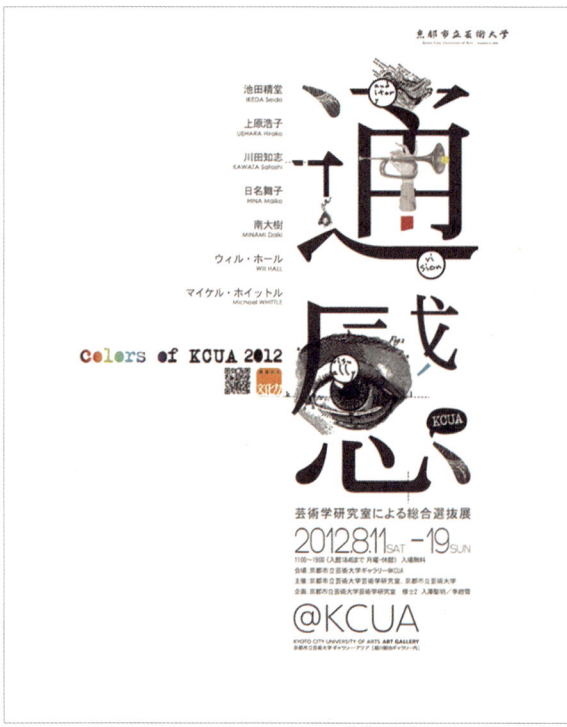

◆ 5-14 京都市艺术大学选拔展 招贴设计
大面积留白与主体信息形成鲜明的对比，可以更好地让观众进行阅读。

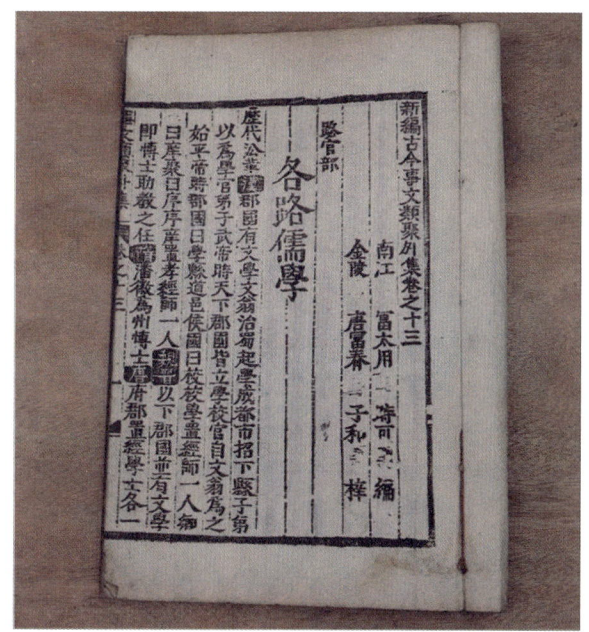

◆ 5-15 古籍书设计
传统书籍让人经常留有大面空白，为的是体现一种虚无、典雅的设计特征，值得我们借鉴和运用。

现代设计崇尚简约。黑、白、灰是一种特殊的色彩语言，应该从广义上把握黑、白、灰三色，即把一切色彩归纳为黑、白、灰三色，这三种颜色是对世间色彩的抽象、综合与概括。黑与白是色彩的两个极端，既能概括一切中间色，也能概括对比色，它单纯、醒目，视觉传达醒目。在版式设计中，字与字、行与行之间的空白的方向、大小是设计师最为关注的角度之一，它可以自由发挥，产生更高的审美情趣。黑、白、灰三色的调动，是现代设计的诀窍。感觉最敏锐的是白色，最迟钝的是灰色，介于两者之间的是黑色。白色是版面上的近景，黑色是中景，灰色是远景。准确把握黑、白、灰三者比例，版面会获得意想不到的响亮效果。它是具有与实体同等价值的表达元素（图5-16~图5-18）。

◆ 5-16 无印良品招贴设计
大面积的空白表现了虚无和一种去伪存真的设计理念。

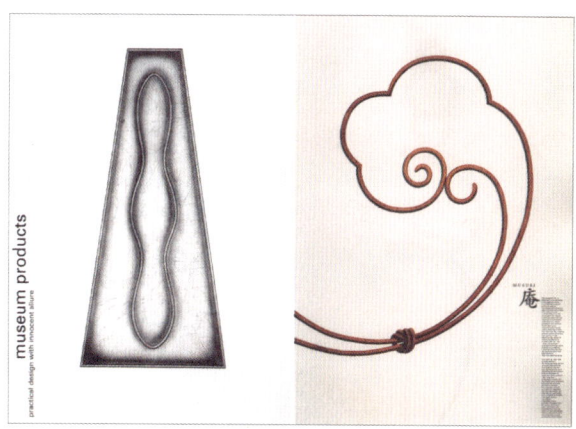

◆ 5-17 原研哉招贴设计
画面简洁、明了，图形语言表现凝练，整个画面的空白空间有效突出了设计主题。

◆ 5-18 情人节特刊设计
图底互换增加了图形的趣味性，有效的空白让人感到轻松愉悦，增加了想象空间。

留白的简洁美：现代设计应崇尚"少即是多"的原则，尽可能以极少的元素进行设计，使版面简洁明了又丰富细腻。极简的极致就是空白，利用空白元素进行设计，通过对其形状、位置的不同组合，产生千变万化的效果，却又具有简明扼要的美感。

留白的淡雅美：白色给人以一种素雅的美感，在版式设计中恰当地运用空白元素，给人以不施粉黛，天然去雕琢的质朴之美，可给人以素雅的审美享受。

留白的轻松美：现代社会的快节奏，给人以阅读上的休息与轻松，是一个重要的设计目标。版式中的空白，犹如音乐中的休止符，给人一个停顿，以转换到下一章节。

留白的想象：空白能给人以无限的想象。中国的古代画论中"画留三分空"就是对空白运用的精辟解释。版式中留出空白的位置，给受众提供想象的空间，产生一种神秘感与回味感。

5.4 如何举重若轻

在版式设计中由于元素众多，因此就会产生众多的设计规律和法则，但是在二维空间中，如何进行有效的版面设计，达到举重若轻的效果，就需要采用独特的空间表现形式，矛盾空间法。矛盾反映了事物之间相互作用、相互影响的一种特殊的状态，"矛盾"不是事物也不是实体，它在本质上属于事物的属性关系。这种属性关系是事物之间的一种特殊的关系，这种特殊的关系就是"对立"，正是由于事物之间存在着这种"对立"的关系，所以它们才能够构成矛盾。

所谓矛盾空间在三维世界是不存在的。利用三维图像在二维平面的表现特征造成的视觉误导性，只存在于图片之中，无法在三维世界还原。荷兰画家埃舍尔在他的作品中就创造了许多局部看似合理，整体却包含无数不合理的组合空间。达利也是创造超现实空间的大师，他常常利用空间的互换来营造反常的空间景象。运用逆向思维方式创造出来的矛盾空间图形，具有一定的荒诞与奇特的效果，它能打破人们固定的思维定式，给人一种意象不到的强烈视觉新异感。因而矛盾空间具有平面性、幻觉性、矛盾性等特征。在版式设计中，运用矛盾空间的表现手段，突出主题，增加图形的趣味性和神秘感，增强图形的表现力和感染力（图5-19~图5-21）。

◆ 5-19 矛盾空间
文字的空间转换增加了版式设计的层次和内涵，画面具有趣味性和新奇感。

◆ 5-20 矛盾空间 埃舍尔作品的在创新
运用时代符号进行大师作品的改造，这本身就是一种创新意识，增加了现代感，同时也是对大师作品的再认识。

◆ 5-21 矛盾空间 不可能的鸟笼
将常规的物象进行非常规处理，画面亦梦亦幻，体现了设计的趣味性。

版式设计为了达到更好的视觉效果，就要通过版面的空间和图形运用进行表现，现代后现代艺术的出现，打破了传统的图形与版面表现形式，造型方式开始改变，新视角、新观念的发展与运用为艺术的发展开辟了新的领域，画面空间的处理开始出现了梦幻般的景象。日本著名设计师福田繁雄最重要的图形表现形式就是矛盾空间，或反常理的物象组合，以超现实的意象表达创意，作品充满了怪异的空间表现和幽默的画面语言，图形简洁而富于幻想，在看似荒诞的视觉形象中，能折射出一种理性的秩序感。福田繁雄的错视手法常常基于以下两种处理手段得以实现。一是正负形的运用。所谓"正负形"，从某种意义上讲，在平面上能引起视觉注意的图形称正形，衬托正形的图形称负形，负形既可以是平面上的空间，也可以是具体存在的物体。正负形之间的界线是界定正负形大部分或全部轮廓的线。中国的太极八卦图就是正负空间的有效表现，黑白相生，互为依存。二是矛盾空间的营造。立体主义拒绝了传统绘画中对光和空气的表现与描绘，拒绝了三维空间透视，而创造了一种多维的浅透视，用许多相交的面（四方形、三角形、半圆形等）来表现物体。他们从多个视点同时观察被表现的物体，从而使其后面、侧面等各个面能同时展现在观众面前。按照他们的观点，立体主义绘画中不仅表现了物体的外在形象，而且还向人们揭示了关于物体本身的有关知识（图5-22~图5-24）。

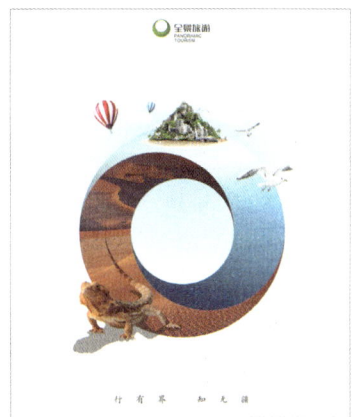

◆ 5-23 全景旅游招贴设计
画面简洁，富有想象力，色彩通过矛盾空间的反转对比，形成了图形图像的趣味阅读。

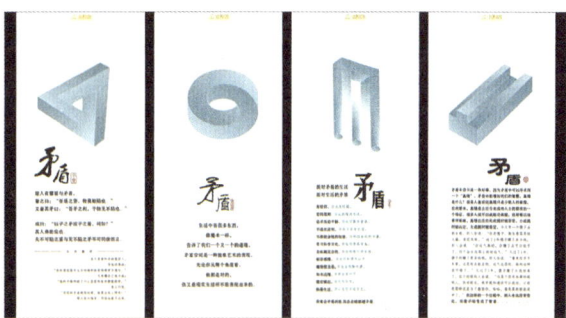

◆ 5-24 办公创意招贴设计
抽象图形的趣味性使得原本紧张的职场带有了无限可能的创意空间，有效地表达了主题。

◆ 5-22 空间
利用图形的矛盾表现现存空间的局促，有效表现了设计主题，提醒大家关注生态变化。

矛盾空间的版式就是通过图形的空间转换，把客观世界中二维空间不可能存在的理念形态充分显示出来，空间具有了矛盾的视幻效果，图形产生"不确定性"与有违常理的空间与内涵表现，画面出现了视觉与心理的延伸。矛盾空间的不确定性和神秘性使物象在人的视觉中变幻不定，它能最大限度地调动人的视觉与心理认知，通过原有的知觉认知，形成一个具有某种特殊意义空间组合。

矛盾空间是版面中对平面表现的立体还原、立体空间的平面表现所带来的空间流变与架构。矛盾空间通过共用形、共用线等形式将二维空间与三维空间错综复杂地结合，利用人们的视觉习惯和感知经验，在空间与图形表现方面达到有效契合，造就出神秘而不可思议的视觉世界（图5-25~图5-26）。矛盾空间的创作是对版面的重要突破，画面需要图形组织结构、空间的巧合运用与形体的合理安排。根据创意需要和形象结构、动态、变形等因素来确定共用线的组合，如毕加索的女人与和平鸽、埃舍尔的画面语言就是利用仰视与俯视的矛盾空间结构，使现实中违反逻辑思维的形象在画面产生了合理性和必然性。

（1）空间的共用与延伸

在我国传统图形设计中，我们可以看到许多相似的案例，空间延伸使原本作为二维空间的画面因共用形象的表现、嫁接，把形象的某个局部进行扩展与想象，确定二维平面空间中的三维立体空间，把共用形作为两个物体的共用面，展现出两个概念意义的空间（图5-27）。

◆ 5-25 福田繁雄招贴设计
画面空间感与超现实感表现明确，想象力丰富大胆，有效表现设计主题。

◆ 5-27 宝路宠物食品平面广告
诙谐幽默的共用形，有效表现人与动物之间的亲密无间。

（2）视觉矛盾

我们通常相信耳听为虚，眼见为实，但是事实是否就如我们所说的那样呢？图形的主观性就是利用图形的视错觉现象为我们创造了视觉假象，矛盾空间的图形超越正常视觉习惯，通过荒诞、夸张、变形、巧合等方式引起视觉上的悖异，通过对图形的方向、大小、共用形等的参与与干扰，改变原有对象的特征（图5-28）。

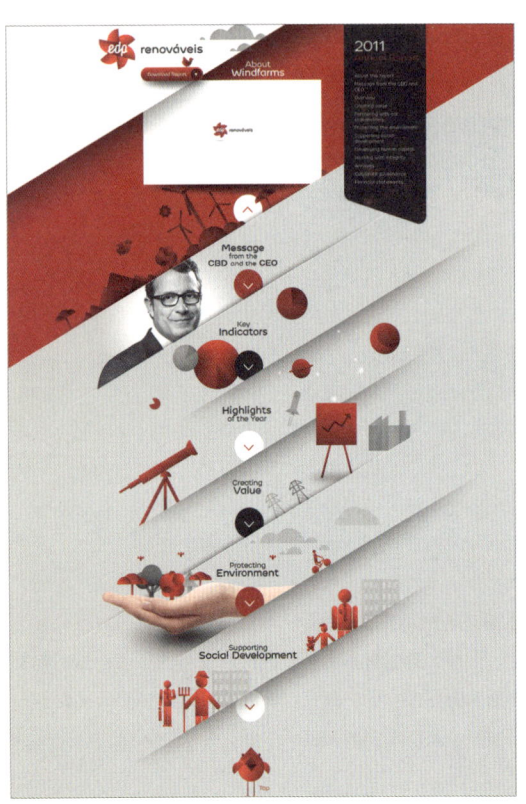

◆ 5-26 电算化Renováveis2011年年度报告设计
画面层次丰富，表现不同空间，在平面与立体，抽象与具象之间不停转换，制造了视觉冲突与矛盾。

◆ 5-28 成为生活中的某个人，和某人的生活——FMP平面广告
利用图像错视，制造视觉矛盾，图形在夸张、荒诞的表现手法中呈现了社会主要矛盾。

（3）空间的视觉与心理穿越

矛盾空间在心理上也为我们带来了全新的体验，打破常规的空间穿越与表现，违背常理的视觉设定，使观者能够在不知不觉中对空间的游走存在一定的信任度和心理寄托，空间穿越法就是打破现实空间的局限，使物象出现现实生活中异常现象，变不可能为可能（图5-29）。

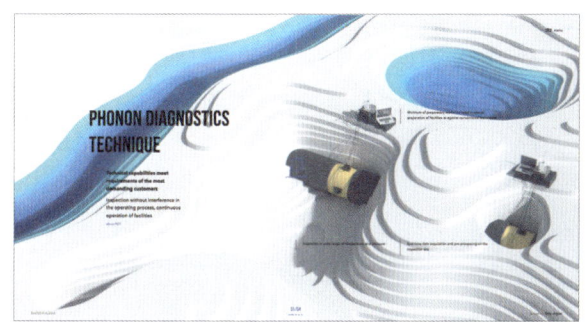

◆ 5-29 DIATECH——诊断技术 招贴设计
违背正常空间存在的设计表现，恰恰抓住了人们的猎奇心理，成为一种空间游戏。

（4）多视角、多维空间组合

矛盾空间使原本属于静态的形体出现了飘忽不定的效果，二维与三维空间在不停地转换与连接，空间变得奇异、神秘。多视角、多维空间是现代版式设计中经常使用的表现形式，这种组合改变了立体空间的视点、灭点，构成了非真实的、不合理的空间，并不是通常以透视原理塑造的空间，这种多视点下的不同空间巧妙组合，画面并不忠实于固定的一点透的原理，产生了多视点、多空间同在一个画面中的超现实景象（图5-30）。

◆ 5-30 世界自然基金会公益平面广告
虚拟的空间表现，打破了常规的三维空间展示，利用文字和图形的空间错接，形成想象的空间场景。

教学实践

在版式设计中,负空间是必不可少的设计要素,它同主体图形具有良好的互动作用,因此负空间设计与表现得是否合理,直接影响主题的发挥,甚至在实际设计中,负空间成为设计主体图形(图5-31~图5-34)。

◆ 5-31 招贴设计
负空间成为图形的主要部分,空白表现得更加灵活,更具有想象力。

◆ 5-32 国外Dolex止痛药平面广告
人物应该是主体物,但是通过大胆处理,人物的五官变成了有意识的负空间,文字成为负空间的主要表现符号,画面极具冲击力。

◆ 5-33 停止恐怖招贴设计
伸出的负空间手的图形,其实又发生了演变,每个手都有独特的图形表现,因此让画面变得生动、富有感染力。

◆ 5-34 植物使我们快乐——可口可乐2014创意平面广告
负空间充满了趣味性和新奇性,画面色彩对比强烈,红色与白色的明度对比使整个画面变得热烈,富有激情,生动地表达了主题。

设计点评

无论是招贴设计，还是书籍设计，负空间都可以带来无限想象空间和无尽可能，负空间图形充满了新奇与趣味，因此成为设计者乐此不疲的重要表现形式（图5-35~图5-36）。

◆ 5-35 国际箭旅行——International Saeta Travelling平面广告
画面虚空间处理具有想象力，让人们在不知不觉中沿着设计者的思路进行有效图形符号阅读，充满了刺激感，对比强烈，凸显主题。

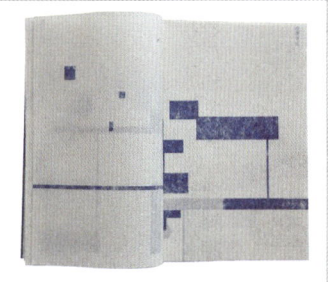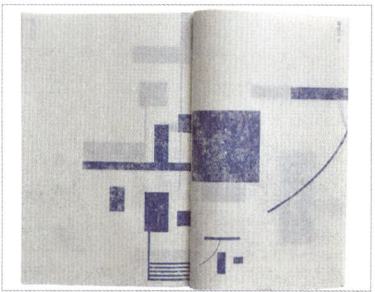

◆ 5-36 忆江南 书籍设计
无论色彩还是抽象图形符号，都有效表现了江南风景的温婉和柔情，整个设计通过特殊纸张和图形，大胆的留白处理烘托了主题。

课后练习

无论是书籍设计,还是包装设计,信息量的传达是最主要的目的,所以在实际教学中,我们充分发挥学生的想象力和创作力,进行文字游戏的开发与表现(图5-37~图5-38)。

◆ 5-37 陈志华 书籍设计
大胆的留白与主体形成鲜明对比,画面既体现了历史感,又通过白色表现了沧桑感,因此整个设计具有透气感,主体图形要素能够有效地得到彰显。

◆ 5-38 陈志华 招贴设计
该作品进行了书籍与招贴的整体设计,设计风格都采用大胆的留白处理,招贴中的留白实际上是对背景中虚图形的有意识放松处理,突出红色的"点"形成具有中国风特点的设计表现。

第6章 奏响版式空间的乐章

　　版式的空间是一种实体的占有和表现，通过有限的空间传递无限的信息与想象空间，这是一种被界定的空间载体，因此在二维空间中我们通过虚拟的、实体的或者是想象延伸的形式进行图与底、实体与虚体、有限空间与无限空间的转化。版面空间包含距离、面积、形状、色彩、区域、虚实等，在不同的版面空间中，我们可以感受到不同的面积大小所带来的视觉冲击。面积越大越能有效占有空间，刺激受众，实体越强烈同样也能够越引起关注，不同的设计构成元素会因不同的形状、大小和色彩等的运用而创造出各异的视觉空间，同时也产生复杂多样的视觉空间感和心理感受（图6-1~图6-2）。

◆ 6-1 招贴设计　　　　　　　◆ 6-2 招贴设计
文字变成了点，大小文字的聚散代表了不同的点的疏密关系，画面通过灵活的字体变化形成了点的特质。

◆ 6-3 武打巨作《苏乞儿》电影宣传
文字分散在海报不同的区域，显现出点的特质。有大的书法字体的点，也有小的印刷字体的点，因此画面被不同的点活跃，让人感受到传统文化的气息。

◆ 6-4 广州图派科技华为手机T2211宣传网站
真实的点和跳跃的色彩的点形成鲜明的对比，色彩的大点活跃画面氛围，小的灰色的点富有理性特征。

6.1 灵活多变的音符——点

在版式设计中，点可大可小，可多可少，可虚可实，可聚可散，因此既熟悉又陌生。说它熟悉，是因为我们都知道数学定义中的点，点没有体积、大小、方向，数学上定义点是零维的。陌生是因为点是具体的，也是抽象的；是实在存在的，也是可以忽略的。点是一个在广袤世界中经常被忽略大小、体积、面积、长短的形体。

6.1.1 "点"的形态

点由于其所处位置和参照物不同，因此可以是一条线段、一个具体平面形体（圆形、三角形、方形、梯形等），也可以是具体事物（太阳、地球、树木、花草、楼房等），这些具体的事物在相对照的情况下就可以变成点，所以它既是熟悉的也是陌生的。时间可以是点，距离可以是点，空间也可以是点，相对于漫长的人类发展史，我们的每次发展进步的阶段都是一个点；距离的两个端点是起点和终点。

6.1.2 "点"的构成法则

点的感觉是相对的，点本身具有气场，它是由形状、方向、大小、位置等形式构成的。这种聚散的排列与组合，带给人们不同的心理感应。点可以成为画龙点睛之"点"，和其他视觉设计要素相比，形成画面的中心，也可以和其他形态组合，起着平衡画面轻重，填补一定的空间，点缀和活跃画面气氛的作用；还可以组合起来，成为一种肌理或其他要素，衬托画面主体（图6-3~图6-4）。点可上可下，可左可右，可大可小，可虚可实，可以间隔，可以连接。

6.1.3 "点"的空间占有

在版式设计中，一个标点符号、一个文字、一个页码、一块色彩、一个标识、一个抽象符号都可以称之为点，可以说点的占有随处可见，不同大小以及方位的点给人不同的视觉感受，同时也起着活跃、平衡、稳定和丰富版面的作用（图6-5~图6-6）。

在视觉传达设计中，我们可以通过不同的点进行有效的信息传递与视觉表现。图形的"点"可以分为具象的和抽象的。具象的"点"就是有各种具有实际形态组成的具有"点"的特征的物象，这种"点"除了具有点的特质外，还因其本身的具象图形而具有更加醒目的图形语义。抽象的"点"就是我们平时所说的几何化的或者偶然形态出现的点的特征，这种"点"在画面具有想象空间，具有张力的同时又可以填充其他色彩、图形，因此"点"的占有与表现变得更加多样化和具有实体性。当"点"接近于圆形时，具有端庄、圆满、完美的视觉与心理特质；当"点"接近于方形时，具有稳定、踏实、安全的视觉与心理特质；当"点"接近于三角形时，具有尖锐、对比、上升、个性、激化、强烈的视觉与心理特质。因此从视觉和心理上来分析，圆形、方形是平民化的特质，三角形、菱形、不规则形似乎是贵族化的特质。从画面的分布来看,偏上的点具有漂浮、不稳定、动荡的特质,是贵族化的象征;居中的点具有稳重、平和、集中的特质;偏下的点具有消极、安静、沉淀、隐秘的特质,是平民化的象征。点是有大小、空间位置的视觉单位,超过了视觉单位"点"的限度,点就变成圆,就成为面。不同环境下的点具有前后、大小、虚实、前进、后退的视觉与心理反应。

（1）"点"的错觉与视觉张力

何为错觉,错觉在实际设计中为我们带来怎样的视觉与心理体验?错觉的定义是在特定条件下产生的对客观事物的歪曲知觉。错觉又叫错误知觉,是指不符合客观实际的知觉,错觉的种类包括几何图形错觉（高估错觉、对比错觉、线条干扰错觉）、运动错觉、时间错觉、空间错觉以及光渗错觉、整体影响部分的错觉、声音错觉、方位错觉、形重错觉、肌理错觉、触觉错觉、色彩错觉等。如同样重量的事物,色彩重的、暗的显得厚重,色彩亮丽的、轻柔的具有漂浮感;同样的服饰因不同的材质具有粗糙感和细腻感,这些都是经常发生在我们生活和设计中的,通常运用在电影、魔术、动画等设计中。点的突出与凹陷具有不同的视觉与心理反应,通常外形突出的点具有向外扩张之感,外形向内凹陷的点,具有向内收缩之感,但是在不同的视觉下我们通常会由于环境和光线的不同而产生视觉错视（图6-7~图6-8）。

◆ 6-5 韩国乐天食品美食烹饪酷站
以圆形作为点的基本外形,红色的点具有明显的扩张感,偏心式点的设置,使画面具有失衡感和不稳定因素,大点的内容组合形成了面,因此画面同时具备了冲击力与活力。

◆ 6-6 Lina Gutiérrez——数字品牌战略设计
这里的点都是几何范畴的点,不管是方形、圆形,还是三角形,在画面都具有点的特征,它们相互穿插,因色彩不同而产生虚实、大小、空间等视觉与心理反应。

◆ 6-7 Landing page. Plastimeyk——涂料塑料企业网页设计
大小相同的点因色彩的不同而产生了差异。

◆ 6-8 Tattoo showroom——简单、清晰、明快的手机端APP设计
不同肌理、不同外形、不同色彩的点，因其构成点的材料不同而形成了错觉，产生了不同的视觉张力。

（2）"点"的空间凝聚力

相同的视觉环境下，点的面积越小，感觉越强烈；点的面积越大，点的特质就越不明显。具有相对尺度的外形和一定的环境是点的必备视觉特征之一。当画面中只有一个点时，它是我们的视觉焦点；当画面出现两个点时，点与点之间形成了视觉牵引，同时能够形成视觉的移动；当画面出现三个或以上的点时，点与点之间形成了线或面，虚线与虚面的形成造就了不同的空间和视觉体验，距离越短，面的感觉越强（图6-9）。

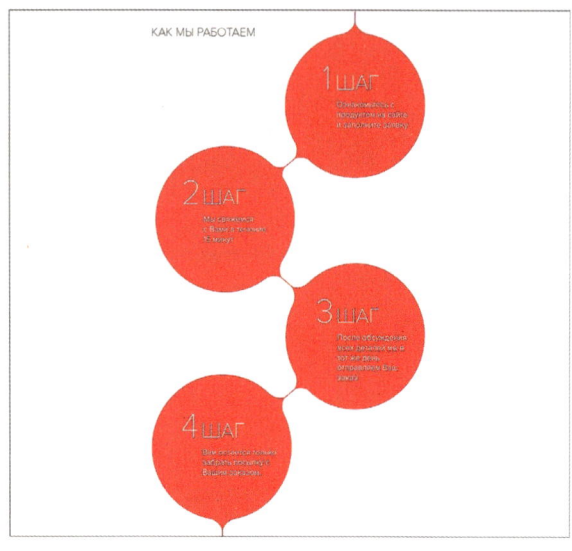

◆ 6-9 Landing page. Plastimeyk——涂料塑料企业网页设计
大小、面积、色彩、距离相同的点相互吸引互为作用。

6.2 温婉多情之美——线

从理论上讲，线是点的发展和延伸。线可以是一排字，一行空白，线在版面空间中具有连接、分割、平衡画面的作用。线的性质在版式设计中是多样性的。在许多应用性的设计中，文字构成的线，往往占据着画面的主要位置，成为设计者处理的主要对象。

由于线的粗细、方向、长短、曲直等不同，会产生不同的视觉效果和联想（图6-10~图6-11）。每一种线都有自己独特的个性与表现方式，线具有流动性、空间性、延续性和方向性。线的自由分割可以产生灵活多变的版面效果，具有独特的编排魅力。

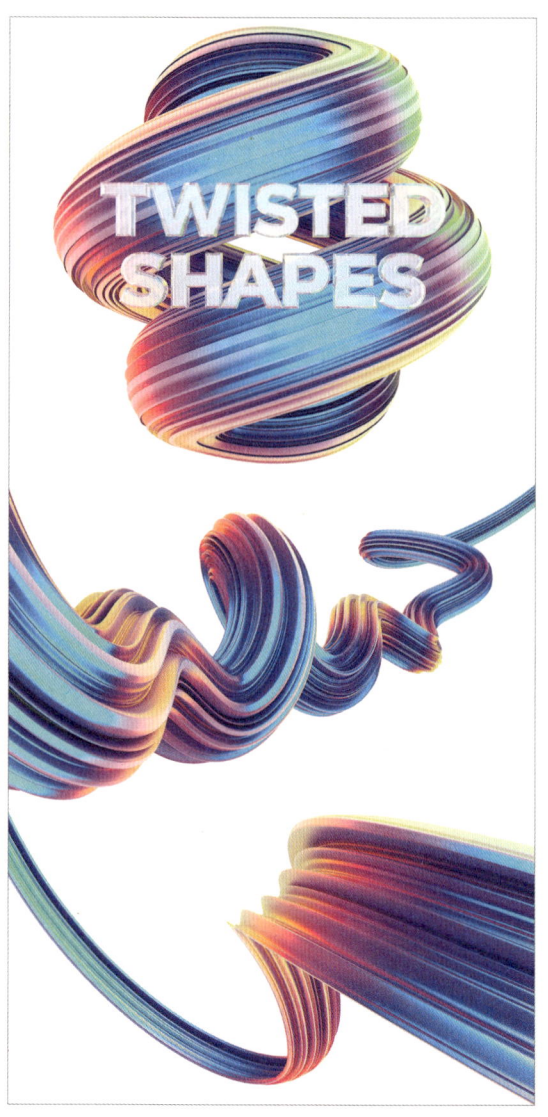

◆ 6-10 扭曲的液体抽象3D背景图
有意识的电脑制作超出了绘画的范畴，具有一种紧张感。

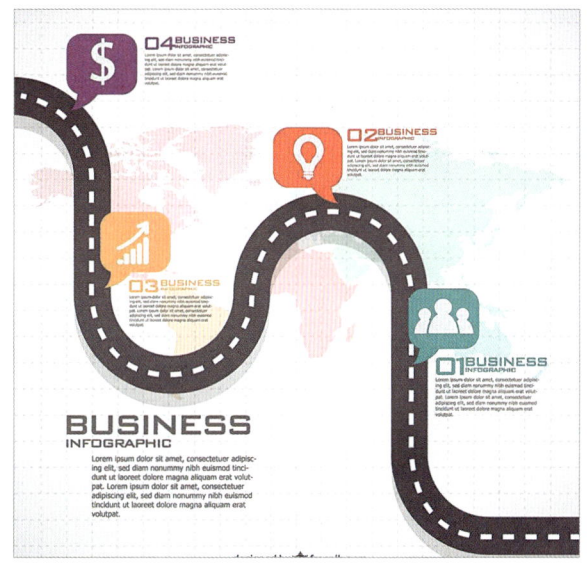

◆ 6-11 地图设计
大且粗壮的曲线占据了画面的视觉中心,具有明显的扩张感和压力,同时有效牵引观者的视线。

6.2.1 "线"的形态

与点强调位置与聚集不同,线更强调方向与外形。线从设计角度来评述是有长度、宽度和厚度的,能够有效分割空间和形体,是不可缺少的元素。线在版面中形态多样,表现为形态明确的实线、虚线和空间的视觉流动线,空间的视觉流动线是一种视觉心理上的反映,往往容易被人们忽略。一般情况下,形态明确的线是人们视觉注意力的集中点。版式设计中各元素的组合形成了特定的视觉流动线,这种视觉流动线在不知不觉中引导观者随着设计师的设计来感受特定的内容,引起心理愉悦(图6-12)。将各种不同的线运用到版式设计中,就会获得各种不同的效果。所以说,设计者能善于运用它,就等于拥有一个最得力的工具。

线也可以构成各种装饰要素,以及各种形态的外轮廓,它们起着界定、分隔画面各种形象的作用。作为设计要素,线在设计中的影响力大于点。线要求在视觉上占有更大的空间,它们的延伸带来了一种动势(图6-13)。线可以串联各种视觉要素,可以分割画面和图像文字,可以使画面充满动感,也可以在最大程度上稳定画面。

线比点更突出,自然界、科学、设计中我们经常为线做出不同的定义。无论是抽象的线,还是具象的线,都具有情感表现力。比如国画中有不同的线描表现形式,皴、擦、点、染都是常用的表现形式,不同的工具、不同线型的粗细浓淡、轻重缓急、虚实、顿挫、转折等变化构成了画面上具有主观意向的疏密、前后、长短、虚实、聚散等形式美,具有空间感、节奏感和律动感。同时因表现形式的不同而使画面具有了厚重感、方向性,又因与具体的形态相结合而具有了流动感、远近感和延续性,而这些感受能够带来视觉上的空间深度和广度,使二维版面形成三维空间思维。

◆ 6-13 招贴设计
线的有序穿插,形成了动感延伸空间表现形式,迂回曲折的粗壮线条成为一道靓丽的风景线。

◆ 6-12 招贴设计
文字排列组合成粗壮的曲线,引导观者进行有效阅读。

6.2.2 "线"的构成法则

在版式设计中,线的形态得到了深化与延伸,线从最初的认知——轮廓线、形体结构线扩展到具有空间形式的分割线,将版式有意识分割成信息汇聚的集散地。在这里,线不是普通意义的形体表现,而是通过这些看似无形的线进行了图形图像的有效划分。这里的线就是无形的视觉线条牵引,无论是哪一种线,都是线在版式设计中的体现,同样具备延伸和拓展版面空间的作用(图6-14)。

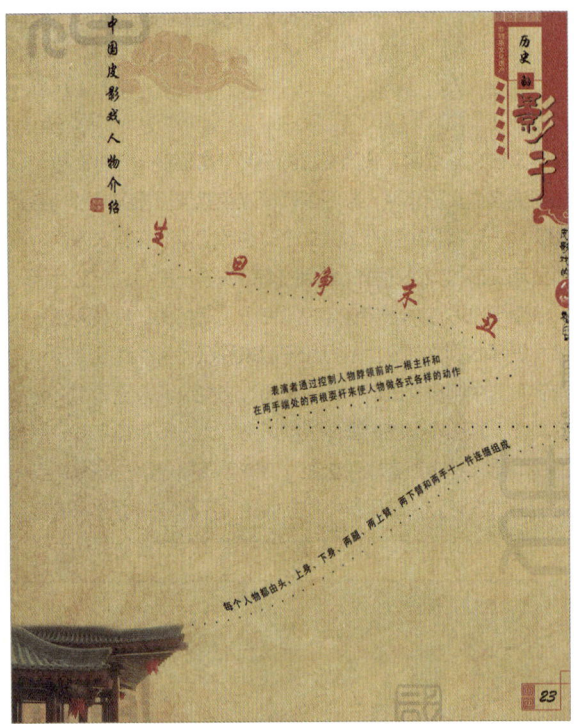

◆ 6-14 姚佩 书籍设计
文字断断续续的牵引构成了画面的线的分割,这种若有若无的设计是作品的精彩所在。

(1)线的大小与外形

大小:在相同的视觉环境下,线越长,就越有延伸感、无限感;越短,就越有紧蹙感、有限感,线的表现就变成了点的意义。

形状:线自身具有形体特征,同时由于线与线的交错、重叠、反复、围合构架了新的形体特征,中国的汉字就是线与线架构的新的空间形体。

肌理:不同的材料、不同的表现、不同的演绎形式、不同的用笔力度都可以产生不同的肌理效果和画面语言,同时线条铅笔、钢笔、毛笔、竹管造就了不同的线条,或流畅或顿挫或委婉或压抑(图6-15)。

(2)线的构成

在这里我们说的线是具有一定的空间占有率和表现性的设计要素,线的构成可以分为交错构成——线的有计划间隔、交错构成与线的无计划间隔、交错构成都可以变成画面的主要中心和空间的分割;线的重复构成——线的有计划等间隔重复构成与线的无计划不等间隔重复构成;线的透叠构成;线的自由构成。

◆ 6-15 字体设计
文字夸张的线形表现一方面凸显字体的图形特征,另一方面有效进行了画面分割。

(3)线的视觉与心理反应

线是最富表现力的视觉形态,线条艺术的重要表现形式,或轻盈,或含蓄,或气韵流畅,或老辣(图6-16)。

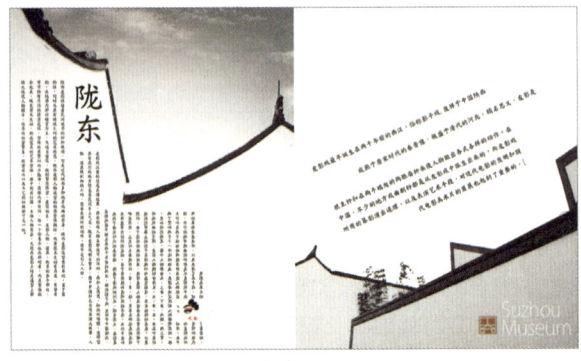

◆ 6-16 崔家旗 书籍设计
有意识的线的分割使画面在兼顾建筑的同时,增加了图形的多重视觉体验。

当画面中只有一条线时，它可以是地平线、起跑线、终止线，分割空间；当画面出现两条线时，它们之间就有了距离感、形体感和界限；当画面出现三条或以上的线时，线就是点的延续或者面的开始，线与线可以组成形体和空间关系，可以明确，可以模糊，可以强化，可以弱化；线与线组成的空间可以是实体，也可以是虚体；流畅的线条具有欢快的视觉与心理反应，顿挫、干涩的线条具有压抑、苦涩的心理反应；纤细的线条具有柔美的心理反应，粗壮的线条具有力量、坚挺的视觉与心理反应。

线具有导向和界限功能。线多用于区分空间和区域，给物体以明确的边界。我们的指示线、斑马线、警戒线、区域线等都具有此项功能。

6.2.3 "线"的分割

线通过粗细，长短，曲直，方向，大小，形状，虚实，指示的秩序性、条理性和分割性可以使版面具有良好的视觉秩序感。在进行版面设计分割时，要分清空间的主次、画面的呼应关系，最终获得整体和谐的视觉空间。在进行版面分割时，要充分考虑各视觉要素的组合关系和信息要素的集中性与关联性，在保证良好的视觉秩序的同时，有效地打破因过大信息量的组合所带来的压抑感和紧张感，所以在具体操作时，注意空间的主次、前后、虚实、动静、疏密、肌理等关系，获得版式的和谐视觉空间（图6-17~图6-18）。

◆ 6-17 报纸设计　　◆ 6-18 报纸设计
在版式设计中，版式的分栏是最为理性的一种表现形式，因此线的分割具有明确性和严谨的理性成分。

（1）线的空间分割

版面空间等量分割：一般以直线为分割方式，对版面进行二维的、平面的分割，即横向分割。这种等量的分割是设计中的常用表现形式，产生一种秩序感和和谐感。版式中的图形、文字、色彩，通过有意识的组合叠加，便产生了分割的画面形式，将版面分割成不同的视觉区域。横向分割具有稳定感，竖向分割具有严肃感；版面设计中一般分为单栏、双栏、三栏等设计，在分栏中加入直线，仿佛作为边框，使分栏的界限更为明显，栏目更为清晰，更具条理，且有弹性，增强了文章的可视性。

纵向空间分割：是对版面进行三维的、空间的分割，即纵向分割。这种分割可以使版面产生大小不同的各空间的对比与节奏感，具有一定的形式美感，面积的对比可以是视觉在不和谐中寻求心理上的和谐。纵向分割顾名思义就是对版面进行具有三维空间意味的深度分割，这种分割有利于画面形成远、中、近景的空间层次。纵向空间分割使版面主次分明，版式设计的最终目的是使版面具有良好的易读性和悦目的审美性，从而达到最佳诉求效果。

（2）"线"的视觉表现

这里的线可以是实体的"线"，也可以是有意识进行空间分割的"线"。版式中的线包括直观可视的有形的实线，也包括无法用眼睛直接看到的线，即无形的线，它是通过时间的变化与视线的流动而产生的线。在进行设计时，不管是有意识还是无意识，都会在版面中形成一种视线的牵引，这种无形的线就是视觉在版面上的一种流动轨迹，也就是我们所说的视觉导线。视觉导线是一种运动轨迹，是元素的组合与分离所形成的具有动感的空间运动，是视觉随各元素在空间中沿一定轨迹运动的过程（图6-19）。

常见的横向视觉导线、竖向视觉导线和斜向视觉导线都属于单向视觉导线，版面各要素随着视线的引导，在画面形成单向的流程。单向视觉导线给人单纯、简明的视觉感受。

曲线视觉流程分为自由曲线视觉导线和几何曲线视觉导线。曲线视觉导线较单项视觉流程更具有多面性和丰富性，画面随之曲线的迂回流转，形成了视线的不断跳跃与信息的不断转换，整个画面具有一种轻松感和愉悦感。几何曲线的视觉流程因其自身的严谨性而具有理性和严肃感。自由曲线因它的随性和不受拘束让画面更加轻松、愉悦，同时具有游戏般的视觉效果。

当我们把文字、手势、符号、箭头等作为画面中有意识的指示线条时，这里的所有符号就变成了一种具有导向作用的"线"，受众可以在设计者的有意安排下进行阅读，版面变得清晰、明确，具有主动性和条理性。这是版面的有效出击和一种强制性的设计，主要为了突出画面重点，达到有效阅读。

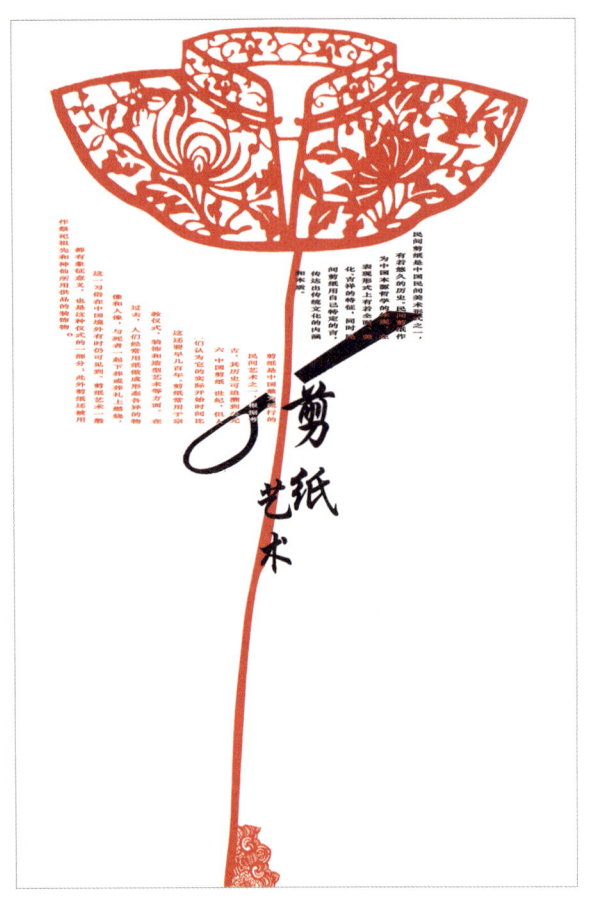

◆ 6-19 张如画 传统文化招贴设计
通过红色的剪纸进行线条的延伸，形成明确的视觉导向。

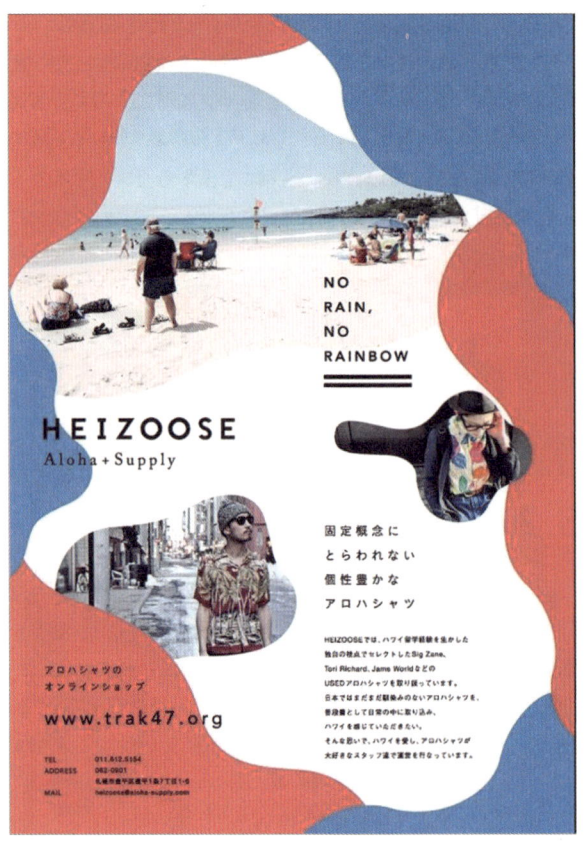

◆ 6-20 国外创意招贴设计
跳跃的色彩围合了主体图形，形成了封闭的立场，使画面变得稳定，但是同时也使画面变得有些紧张。

（3）"线"的空间约束

线可以对所强调的内容与图形产生空间约束力。边框的确定可以产生空间"力场"，它是一种虚空间，是视觉对一定范围内的知觉与感应。线框的粗细形成不同的心理感受，在不稳定的画面中加边框，可以获得相对稳定的效果和情感。线框细，版面则轻快而有弹性，但"力场"的感应弱；当线框加粗，图像有被强调的感觉，同时诱导视觉注意；但若线框过粗，版面则变得稳定、呆板、空间封闭，"力场"的感应明显增强。虚拟的边框增加了想象的空间和不可确定的限定空间，因此具有灵动性和跳跃性，所以"线"的约束力被减弱，随着版面层次、节奏、空间的增加，成为一种内心设定的空间范畴（图6-20）。

（4）"线"的自由组合

在版式设计中，"线"是较点与面而言，更加活跃的元素，具有极大的灵活性与多变性，表现力丰富，通过方向、形态、秩序产生变化。直线可以表现出严谨的画面风格，多次的组合和交叉带来了无限次的富有节奏和韵律的空；曲线具有抒情性的表情特征，引发无限的版面形态；几何曲线具有理性和秩序感，具有一种机械美，凸显科学精神；自由曲线则风情万种，让画面更具有柔美感和弹性，在温婉的设计中表现了空间的音节；斜线具有速度感与激情，整个画面因斜线的介入，打破了常规的秩序，使版面更加具有关注度和刺激性；直线、曲线、斜线的有机结合，让画面无形中多出更多的空间和距离感，在无限重复、无限介入、无限表现的同时，版面得到了肯定和冲击（图6-21~图6-22）。

◆ 6-21 字体创意招贴设计
粗细线条搭配，形成严谨的理性风格，字体采用几何线条的处理，因而形成稳定的视觉中心。

◆ 6-22 周姣 书籍设计
大胆自由的斜线表现，使画面表现为动荡不安的因素，打破常规的直线处理，增加了空间感和感性因素。

6.3 强烈的占有欲——面

　　在版式设计中，面是点的密集与放大或线的重复，是长宽的二度空间。在视觉要素中，面比点、线更具鲜明的个性，面在版式设计中常常占有重要的位置，应用十分广泛，视觉效果最为显著。面可分为几何形和自由形两大类。大小渐变的面具有空间感，方形可以产生沉稳厚重的感觉，正三角形具有坚实稳定的感觉，倒三角形可以产生活泼的感觉。正负形的合理搭配可以产生神秘的空间感，具有较强的诉求力，使空间层次分明。

　　面是点的密集、扩大或重复，也是线的密集、重复与运动轨迹，面同样具有大小、形状、色彩、肌理等造型元素，同时面又是"形象"的呈现，因此面即是"形"。长宽的限定可以是面，线的约束可以是面，对于面的定义在设计中已经超出了常规的尺度。生活中随处可以见到面，建筑中有使用面积、建筑面积，设计中有二维的面积，版面中的版心是面的限定，印刷中的出血也是对面的限定。在版式设计中，面所具有的属性使它所占面积最大，空间层次最丰富，最能有效烘托主题，平衡不同形体之间的关系，任何点、线的连续与拓展最终都以面的形态进行展现，面可分规则形态和不规则形态两类，规则的几何形体组成的面包括方形、圆形、三角形、矩形、梯形、椭圆形，它们是最基本、最具有原始性格的形态，而不规则形态大多以偶然的、自由的形态为主（图6-23~图6-24）。

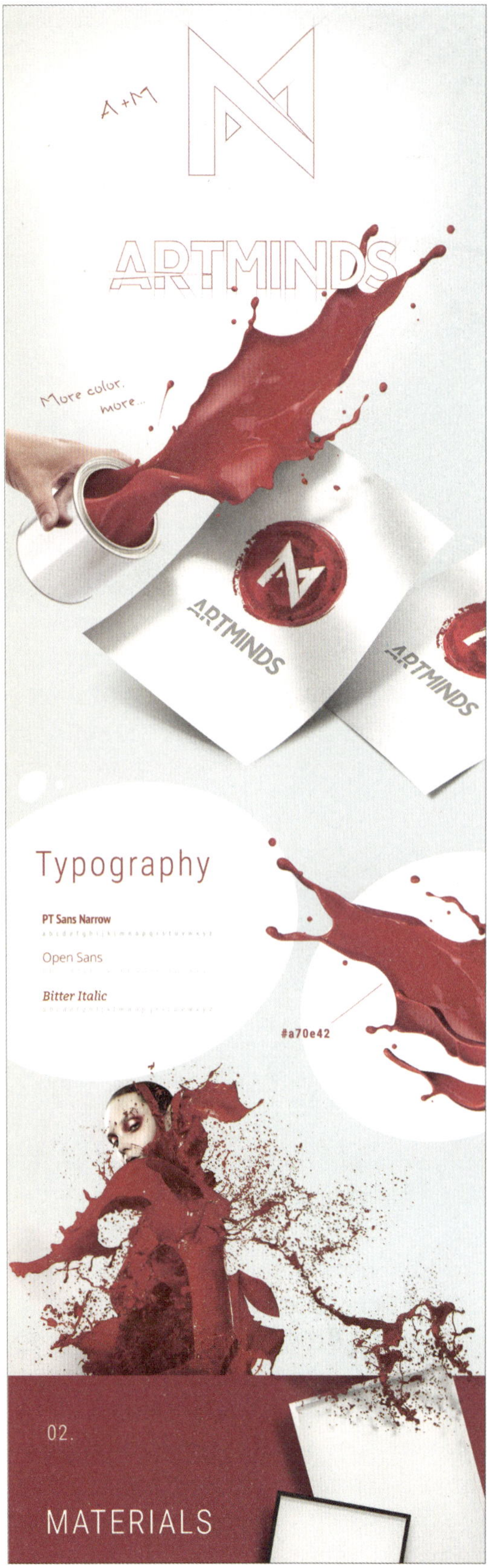

◆ 6-23 Adobe——2018品牌推广
画面被重叠交错、大小不同、色彩醒目的面所控制,具有视觉张力,同时增加了画面的空间层次和视觉对比。

◆ 6-24 ARTMINDS——瑞典销售绘画作品网页设计
醒目的红色看似随意泼溅,实则是有意识的画面安排,形成了大小不规则的面的对比,画面活泼,对比强烈。

6.3.1 "面"的形态

面的形态多种多样,分为几何形态、有机形态、偶然形态等。在版式设计中,面的范围和形态都能够有效充斥画面,同时能够突出主题。面所具有的冲击力与灵活与点、线具有很大的区别,当面作为背景出现时,面具有后退感,是虚体,点、线是版式的主角,跳跃在画面中;当面缩小其范围,成为主体,有效占有空间,就具有了无限可能(图6-25~图6-26)。

◆ 6-25 Miyabi水果平面广告
形与形的重叠组成了有机形,生动阐释了设计主题。

◆ 6-26 Urbi et Orbi旅行社平面广告
有意识的机械分割产生了强烈的冲击，带给人们视觉与心理的震撼。

面的形态通常可分为四类。

（1）几何形

也可称无机形，采用数学的构成方式，分为直线形、曲线形、直线与曲线相结合的面。通常，几何形体适合表现理性的版面。我们的常规版面设计都是由几何形构成，这样的形态适合工艺流程，同时也能够有效利用资源，符合人们的视觉与心理习惯。垂直线平移为正方形，直线回转移动为圆形，直线倾斜移动为菱形，直线进行半圆形移动为扇形，直线做波形移动为波线形的面。长方形、正方形、三角形、梯形、菱形、圆形、五角形等，是简洁、明快的理性表现，几何形具有机械美、理性美、秩序感和节奏感，因此被广泛应用于版式设计中。

（2）有机形

在版式设计中，人们往往通过自然形态中的具象形体进行设计，这些有机形既是大自然的产物，同时也是适应自然法则而存在的合理的形态特征，具有合理性、规律性和秩序感，合理利用有机形是设计的必要表现手段。任何有机形都可以创作出出人意料的作品和图形语言，通过对有机形的裁切、重复、细节放大等都可以再次创造出与众不同的图形。

（3）偶然形

偶然形是指不被人们所控制的自然或者偶然形成的形态，版式设计中的偶然形是通过形体的叠加、错接、分割、组合、重复等手段，重新表现出具有新奇视觉效果的形体。偶然形具有不可重复性和多变性，偶然形的面具有自由、活泼、生动、不可复制的特性，具有朴素而自然的形态美。

（4）不规则形

在实际设计中，不规则形具有强烈的冲击力，可以运用不同的工具或者徒手绘制，具有很强的主动性、创造性，能够适应不同的范围，是人们有意创造的自由组合的形态。

6.3.2 "面"的构成法则

面的构成即版式中的形态构成，版式空间中的面与面之间的构成是整个画面的主体与视觉中心。当两个或两个以上的面在版式空间中同时出现时，因其大小、位置、形状等会出现多样的构成关系。

6.3.3 "面"的铺张

面在空间上占有的面积最多，因而在视觉上要比点、线更强烈、实在，具有鲜明的个性特征。面可分成几何形和自由形两大类。因此，在版式设计中要把握相互间整体的和谐，才能产生具有美感的视觉形式。在现实的版式设计中，面的表现也包容了各种色彩、肌理等方面的变化，同时面的形状和边缘对面的性质也有着很大的影响，在不同的情况下会使面的形象产生极多的变化。在整个基本视觉要素中，面的视觉影响力最大，它们在画面上往往是举足轻重的。

（1）"面"的侵略性

"面"的侵略性是指面比点、线更具有实体空间，更能引起关注。现代图形的表现形式中的图底互换就是对面的占有性的一种矛盾表现。通常情况下，点与面的没有绝对的区分，散落的称之为点，但是如果要表现一定的面积、大小、位置和区域性，就需要把点进行强化、聚集、重复，就形成了面，群化的面具有层次感和空间占有性，也就具有了侵占性。面的体积和所占有的空间本身就比点、线具有视觉冲击力，因此它具有视觉和心理的扩张感（图6-27）。

◆ 6-27 保持真实世界——PopClik音乐耳机平面广告
通过特异色彩形成大面积的面对比，与背景的灰色调相比，色彩的"面"更加凸显。

（2）"面"的彰显性

在设计中，我们习惯于将物象本身叫作"实空间"，任何物象都因为空间的占有而具有实体特征，物象之外的空间叫作

"虚空间"或是"空白空间"。虚与实,图与底,说的都是画面空间——正负空间的关系,正空间就是画面中具有主导作用的图形,负空间就是起到陪衬作用的具有空间距离感和模糊感的部分,空白的处理也就是画面的空间设计。在版式设计中,这种"图底"关系也可被称为"实空间"与"虚空间"。在版式设计中,实空间往往容易成为主体,人们关注的也是实空间的表现,但是善于进行空间表现的人恰恰更加关注虚空间,虚空间能够使画面变得更具神秘感,更加灵活,更富情趣。虚空间不是简单的背景处理,而是巧妙设计与运用,做好虚空间可以起到事倍功半的作用。虚空间可以作为版面的一种"气",人们自身生理机能的本能反应导致阅读时会习惯性地自上而下、自左而右、自疏而密。这就是我们通过行距、间距、栏距、图形之间的距离而感受到的一种从左至右、自上而下的气息流动,这种流动符合我们的视觉与生理习惯,版面的有效空白和有意识的图形设计,增加了版面的阅读愉悦性和便利性,宛如一股清新的暖流,缓缓注入读者的心灵。在版式设计中,空白空间是有效阅读的引导者,虚空间运用得当,可以成为画面的重心,反转的画面语言恰到好处地提醒读者对有效信息的关注。负空间并非实体安排所剩余的空间,它是具有与实体同等价值的表达元素,在构图上有着不可忽视的作用。这种构图上的有意识"少",却在画面和心理定式上得到了"多"。有意识的空间表现能够最大限度地吸引视线进行传播。虚与实作为一种表现形式是在有意识地彰显主题,画面构成中必须有虚有实,虚实呼应。画面的主体要"实",客体要"虚","虚"是为了突"实",应该藏虚露实,宾虚主实,才能做到具有独立的审美价值(图6-28)。

与侵略性,因此当主体通过足够的"面"的组合表现就会带来视觉与心理的压迫感,画面主题就会更加突出,形体更加明确。大面积的"面"气势庞大,小面积的"面"灵活多变,重叠的面具有扩张感,错接的"面"具有随机性,有意识缺失的"面"具有一种残缺美。总而言之,面的可塑性和多样性恰恰给了设计者诸多可能性,"面"的空间可以使版面看起来更加有序,能够强化信息的传递。(图6-29~图6-30)。

◆ 6-29 有很多事情会伤害你的眼睛——Teuto Eyedrop眼药水平面广告
通过电脑特殊效果改变了单一图形的形状,形成了具有运动美感的大面积对比图形,制造了视觉冲突。

◆ 6-28 武打巨作《苏乞儿》电影宣传
在中国画中,我们非常注重空白空间的处理。画面构图要疏可走马,密不透风。负空间是画面空间之外的空白,为了突出不同图形的形态特征,应留适当的空白,分类集中。

在版式设计中,好的设计不仅让受众感受到实体的图形、文字,对于有效围合的空白的处理才是最佳表现手段。空白在一般情况下是对实体的有效彰显,集中观众的视线,使主题更加突出,主观地处理空白形体,就是对实体的抗衡,提升版面的品质。

"面"的彰显性可以通过疏密、形状、方向、大小等关系进行设定,大面积的形体会影响受众的视觉与心理,造成心理暗示

◆ 6-30 创意海报设计
通过对海报的色彩改变,可以看出没有红色的大面积色彩对比,画面会显得苍白无力,改变色彩的冲突对比后画面失去了原有的活力。

（3）"面"的主观性

几何面增强版面功能性，有机形体的面赋予版面表现力，偶然形体的面凸显版面戏剧性，自由形态的面使版面更具灵活性。

"面"可以是被有意识放大的视觉符号、具有一定面积的留白、占有一定空间的色块、一个充斥整个画面空间的图片、一整段文字表述，它们都具有面的特征，视觉效果明显，能引发观者和受众更多的关注。这种有意识的设计就是"面"的主观性，其目标明确，具有空间占有性。"面"的不同位置、层次、空间、秩序、大小、肌理、反转等效果的应用，也从主观上进行了有效表现，通过这种有目的性的设计与风格演变，就可以更加彰显"面"的多样性与丰富性（图6-31）。

6.4 欲罢不能的点、线、面组合

当我们对点、线、面这些视觉空间基本元素进行组合时，由于有效分析了点、线、面的基本特征和变化要素，因此作为版式设计的主要表现语言，不管版面如何千变万化，都可以将不同要素归结为单纯的点、线、面进行设计，版式设计中任何形态的组合最终都以点、线、面的形式出现在画面中。点、线、面的定义是相对画面而言，因此具有灵活性、多变性和可塑性。单独的文字作为点的基础，组合在一起就变成了线，线的汇聚组合成面，由于基础的点、线的可塑性，面也具有了灵动性，会产生不同的性格特征。把握好三者之间的基本设计法则——对比与调和、比例与均衡、节奏与韵律、变化与统一的构成规律，就能在众多组合要素中进行提取和表现，组合出各种各样的版式形态，产生具有美感的视觉形式，构建一个全新的版面（图6-32）。

◆ 6-31 花时尚——Michael Weigert平面广告
面因其大小、虚实、位置、肌理、色彩等不同而具有不同的类型。面的代表是直面和曲面，直面具有庄重、硬朗、刚毅的男性化特征；曲面具有动态美和柔和的女性化特征。面的形态可分为规则形态和不规则形态。规则的形态具有理性，主要是圆形、方形、三角形。圆形，具有运动感和流畅性；方形稳定、坚毅、厚重，具有对称性和稳重感；三角形具有不稳定因素，活泼、积极向上。不规则形态主要是由曲线、直线围成的复杂的面，因不同因素的介入，而变得多变和复杂。

◆ 6-32 海报设计
画面清晰淡雅，点、线、面运用几何图形的表现手法，采用国画的构图形式，画面显得空灵且富有韵味。

教学实例

　　点、线、面是视觉构成的基本元素,也是版式设计重要的表现手段。大千世界中的一切事物都可以归纳为点、线、面,它们是视觉空间的基本造型要素,也是版式设计中的主要语言,任何版面设计的构成元素都能抽象或者提炼成为点、线、面的组合,点、线、面的有意识编排组合是达到形式美的主要途径和手段。版式设计从某种意义上说就是对点、线、面的经营,它们相互依存,相互作用,组合出各种各样的形态,构建成一个个千变万化的全新版面(图6-33~图6-35)。

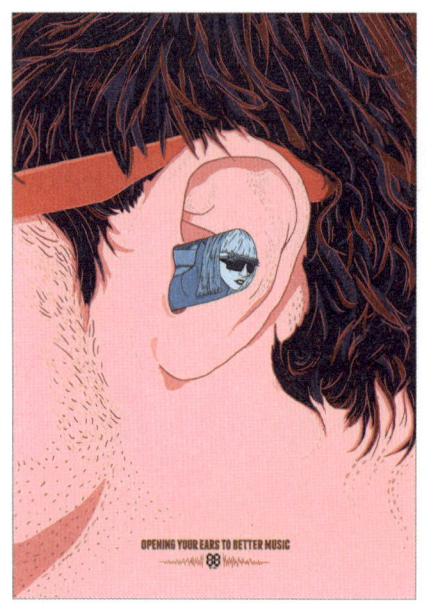 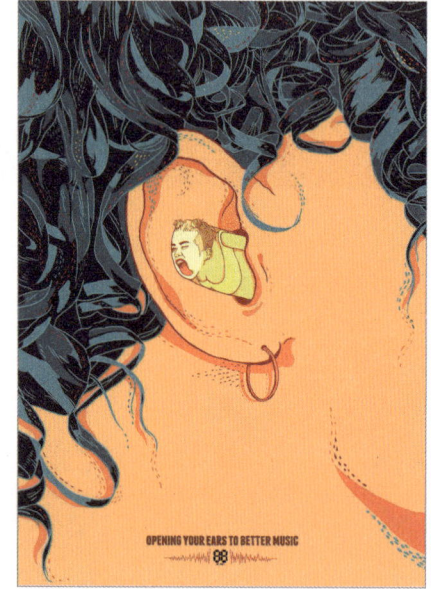

◆ 6-33 打开你的耳朵享受更好的音乐——Shapam平面广告
画面大面积的空白与周围密集的点、线、面形成鲜明的对比,耳朵中的局部的点是画面的中心,与周围的空白的面形成反差,让主题鲜明,画面饱满丰富。

◆ 6-34 创意版式
左图画面表现疏密得当,点线面错落有致,大面积的背景和小面积的空白形成鲜明的对比,在空白之处设计最主要的文字信息,能够有效吸引关注;右图的设计主次不够分明,画面空白过多,信息表达不够集中。

 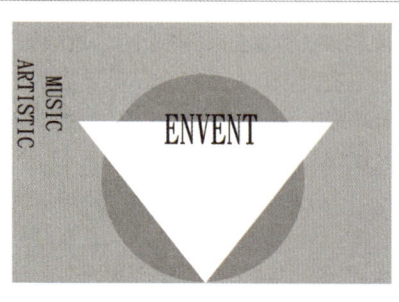

◆ 6-35 创意版式
设计前做好相应的规划就可以避免出现后续的不当画面。

设计点评

点、线、面有无限种组合形式,而且每一个都是画面有效的分界,可以组合,可以分离,同时带来无限想象空间。但是由于组合不同,对比方式不同,呈现了千变万化的版式风格(图6-36~图6-37)。

◆ 6-36 版式创意设计
这是DM版式设计,左图具有明确的色彩面积对比,色彩夸张、醒目,有效占领版面,是整个设计的亮点,版式主要信息都包含在醒目的色块中。右图通过色相对比,在画面中形成了面积的大小与虚实对比,右图较左图显得安定,标题色块较为突出。

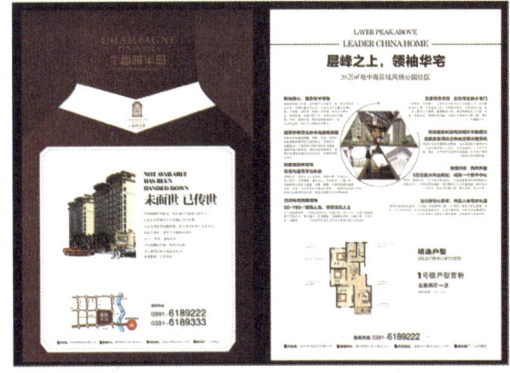

◆ 6-37 版式创意设计
在这组设计中,左图与右图都进行了点、线、面的有效分割,分区明确,具有明确的功能性,有利于最大限度获取信息,同时色调和谐统一,画面图像处理与文字形成虚实对比,让人产生遐想空间。左右两组图形对比鲜明,右图以信息传递为主,文字紧密排列在图形四周,形成文字绕图的模式;左图对比鲜明,大面积的白色凸显信息,若隐若现的图形与背景相融合。

课后练习

在课后练习中,着手进行书籍内页的尝试性实验,通过有意识的设计表现形式可以得到意想不到的画面效果图(6-38~图6-39)。

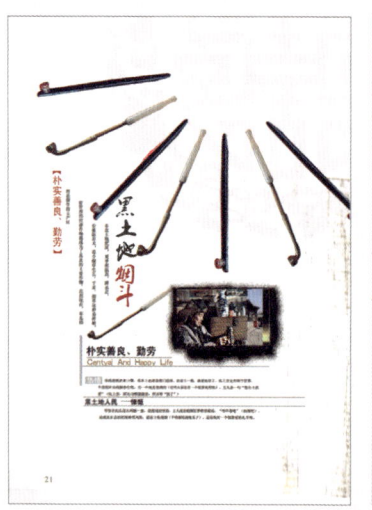
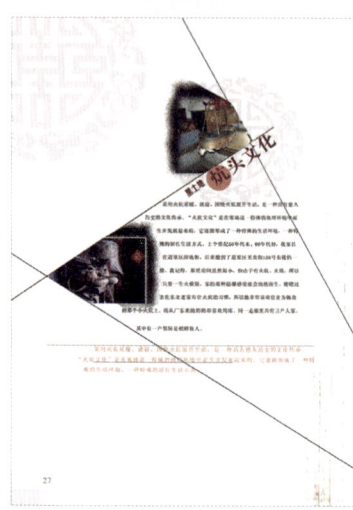
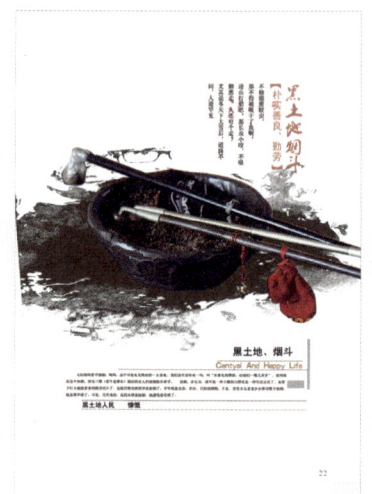

◆ 6-38 胡海燕 书籍创意设计
三个设计进行有意识的点、线、面划分,画面清晰明了,设计采用现代手法表现传统文化,图形与背景的大面积空白对比鲜明,大面积的白色能够有效地突出主题,同时通过线的视线牵引,完成版面的有效阅读。

◆ 6-39 书籍封面
这组版式设计也是对画面的大胆分割与裁切,画面色彩对比强烈,图形具有视觉张力,在有效区分的区域中,能够迅速表达主题。

第 7 章 起承转合的文字效应

　　文字是人类文化的重要组成部分。无论在何种视觉媒体中,文字和图片都是其两大构成要素。文字排列组合的好坏,直接影响版面的视觉传达效果。因此,文字设计是增强视觉传达效果,提高作品的诉求力,赋予作版面审美价值的一种重要构成技术。

7.1 文字的表情

文字是信息传达的重要手段，是人类文明的发展与演变的忠实记录者，文字与原始绘画具有很紧密的历史渊源。在现代视觉艺术中，文字不再只是一种传达信息的符号，它具有了图形的含义，可以进行艺术表现，版式设计中的文字是构成信息形态的基本元素，文字符号主要分为两种，主要是汉字和字母。汉字是华夏儿女的智慧结晶，汉字是对客观世界和主观世界的一种高度概括和艺术化的信息符号，中国的汉字的象形特征在于它有简约的轮廓，整体的协调性和概括性。外文字体多为字母文字，英文是一种常用的文字，是以拉丁字母来拼写的，其渊源也始于绘画，经历了漫长的发展阶段。英文的表现方式主要有四种：罗马体、埃及体、无饰线体和手写体。版式设计中最主要的是文字与图形的设计，当今的设计是以文字为主的设计，文字设计领域的不断发展已不再满足于以往单纯的信息传达作用，它的形态展现也不再以冷静的姿态出现，而是积极地参与到设计中，成为设计领域不可或缺的一部分（图7-1~图7-2）。

文字从信息功能上可分为标题、副标题、正文、附文等。文字通过色彩与形式来表现，通过设计者具有审美性的视觉流程安排，可以增强传播功效。

◆ 7-2 无印良品招贴设计
现代字体与图形有效嫁接，没有更多的修饰，色彩采用白色，集中体现无印良品的设计理念，少即是多。

7.1.1 传统汉字体系

字体是指文字的风格款式，不同的字体传达不同的个性特征，不同的视觉风格都有与之相应的字体。在进行版式设计时必须充分考虑字体的个性特征与内文的适应性，选择与整体风格即与主题相适应的字体。

在现代设计中，我们所使用的字体大多数是电脑字库中的印刷字体，这些字体被大量安排正文、标题、注释等部位。这些印刷体是新设计字体的范本，设计师在这些字体的基础上，有目的地进行间架结构和笔画上的夸张、分解重构，创造出具有鲜明特征的字体，体现时代风格。印刷体分为中文印刷体和英文印刷体。中文印刷体包括传统字体、过渡字体、现代字体这几部分。传统字体包括楷体、行书、隶书、舒同体、魏碑、仿宋。过渡字体包括宋体。宋体又分为标宋、中宋、大宋、超宋。现代字体包括黑体、等线体。等线体又分为超黑、中黑、中等线、细等线等。

甲骨文是在龟骨或兽骨上进行刻画的文字，最早的甲骨文距今已有三千多年的历史（图7-3）。

金文是殷商、周、春秋战国时期铸刻在青铜器上的文字，它是一种比较成熟的文字，其字体笔画粗壮圆转、大小比较匀称。

石鼓文、籀文都是周代的文字。石鼓文是铸刻在石鼓上的文字。籀文是在汉代流传的古字书《史籀篇》中的文字。在文字发展史上秦始皇统一汉字后的文字统称为大篆。小篆是在秦

◆ 7-1 Tokusyu Tokai Paper纸平面广告
作品采用中国传统的文字元素，图形参与到文字的设计中，打破传统文字的一成不变的模式，黑白对比醒目，主题突出，通过文字信息有效传达了设计主题。

始皇统一中国后，经过李斯等人对秦文的收集、整理和简化后形成了文字。它是中国历史上第一次具有进步意义的文字改革运动，小篆除了把大篆的字形简化之外，其线条化和规范化达到了完善的程度，几乎完全脱离了图画文字，成为整齐协调、十分美观的、基本形为长方形的方块字形（图7-4）。

隶书的出现显示了强大的生命力，它产生在秦代却通行于汉代，所以有秦隶和汉隶之分。秦隶又称为古隶，古隶是由小篆向今隶的过渡字体，是一种小篆的潦草书写体。汉时，隶书取代小篆成为正式的书写体，它不但转变了古文字时代的文字形体，在笔画结构上将小篆的粗细相等的均匀线条变成平直有棱角的笔画，更讲究文字笔势的起伏，结构更加简洁，在字形结构上发生了显著的变化（图7-5）。

楷书也叫真书或正书，萌芽于西汉，于东汉末成熟，兴盛于魏以后。这一时期出现的楷书也叫正楷、真书、正书。由隶书逐渐演变而来，更趋简化，横平竖直。这种汉字字体端正，就是现代通行的汉字手写正体字。如今一般所说的楷书，是从汉隶逐渐演变而来的，按照时期划分，可分为魏碑和唐楷。魏碑是指魏、晋、南北朝时期的书体，它可以说是一种从隶书到楷书的过渡书体。代表人物有王羲之、王献之父子，颜真卿、柳公权等著名的书法家。楷书实际上是吸收了篆书的圆转笔画，采用了隶书的方正平直，并总结了一套完整的书法理论。从字势看，隶书是向外扩散的"八字法"，而楷书是向内集中的"永"字方块字。

行书是介于真书和草书之间的字体，它是一种便于书写、易于辨认的实用字体，现今人们的手写体基本上采用行书体。

草书与真书的发展基本相同，是一种真书的草写，后来逐渐发展成为一种固定的笔画。

宋体典雅大方，仿宋体粗细均匀，字体简洁明快，这两者都比较适合在庄重的场合、报告性的文章、历史题材或大量的段落中使用，如传统书籍、书中的注释、说明、小标题等。采用宋体或仿宋体的标题和文化类设计，显现独特的文化气息。

黑体是一种应用范围较广的字体。它是现代广告设计中的主流字体。

等线体的字体风格简洁，朴素端庄有力，适合现代人的审美需求，在现代杂志与广告宣传中使用。从标题、服饰、化妆品到广告语，无不体现等线体的独特魅力。

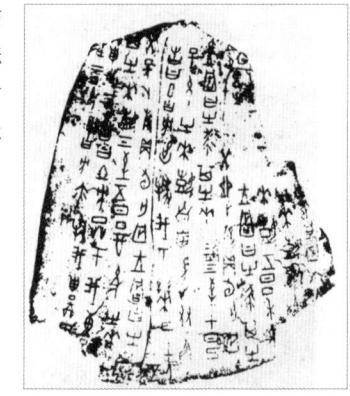

◆ 7-3 甲骨文

◆ 7-4 大篆、小篆　　　　　◆ 7-5 汉隶

7.1.2 现代创意汉字体系

综艺体的宽粗有力的笔画和右下角笔画的转折出的圆角处理，使字体显得稳重有力，刚柔相济。综艺体适合标题与广告语，是信息传播的主体。

琥珀体、咪咪体等字体是现代儿童及食品广告设计中常用的字体，其设计风格独特且富于变化，一反我们常见的均衡比例，字体灵活多变，有亲和力，适合儿童书籍及商品。大黑体适合醒目的标题语，既稳重端庄，又富于变化（图7-6）。

◆ 7-6 创意汉字

7.1.3 传统拉丁字母体系

拉丁字母起源于图画，它的祖先是古埃及的象形文字，距今大约有六千年历史。人们把最初不太完美的符号整理出来，使它整齐化、简约化、规律化，逐渐形成了今天的拉丁字母体系。拉丁字母的形成是在罗马废黜初期王朝政体而实施共和国时期。经过了腓尼基字母到希腊字母，最后由罗马字母继承希腊字母发展成为较完整的拉丁字母。拉丁字母经历了由古罗马体，过渡时期的罗马体（威尼斯体、克洛伊斯塔古体、加拉孟体、卡斯伦体、歌迪体、帕拉提娜体），现代罗马体（迪多

体、波多尼体）到方饰线体、无饰线体、手写字体、现代变体的变迁（图7-7）。

印刷术在欧洲的出现晚于中国约400年，此发明引起了拉丁字体的一次重大变革。电脑的使用大大增强了英文字体的多样性变化。

欧洲现代平面设计的突破应该是从现代字体的形成开始的。这个突破的主力设计家是意大利人波多尼。所谓的"现代"指依托罗马体发展出来的新字体体系。这个词最早出现在设计界勒让的著作《版面设计》中。现代体不是一种字体，而是一个系列的字体，是在古典罗马字体上的改进，被视为新罗马体。这种字体体系非常清晰典雅，比古典的罗马体更具良好的传达功能，同时兼有典雅美观的特色，因此立即受到欧洲各个国家的广泛欢迎。

英文的26个字母，原来的唯一功能是阅读性的传达功能，而在商业活动中，字母有了新的作用和功能，就是以有个性、特征、强烈而有力的形式起到宣传作用。

罗马体是一种古老的字体，早在公元114年就开始使用。罗马体与中国汉字的宋体有相似之处，是由镌刻文字遗留下来的，体现了一种古老的文化气息。其字的竖笔设计与横笔设计略有不同，都带有刚柔相济的圆弧，笔画坚挺有力，经常在文章的正文中使用。古典罗马字体的特点是字脚的形状与纪念柱的柱头相似，和柱身十分谐调，圆形轴线倾斜，字母笔画宽窄比例适当，饰线略呈弧线，构成了完美无瑕的整体。

古典罗马体是当时最成熟的一种字体，后来为适应欧洲各民族语言文字的需要，由"I"派生出"J"，由"V"派生出"U"和"W"，最终形成26字母表。

埃及体是19世纪欧洲流行的一种从罗马字体演变而来的方饰线体，其特点是有意识加重饰线分量，主笔粗重，笔画粗细对比不大。发展至今，已形成四大体系，有方饰线、柱撑形饰线、粗饰线、装饰线，被广泛地应用于广告、书刊、公司名称等。

哥特体是法兰西罗马体系中较有影响的字体，它的外形以文艺复兴时期的字体为基础，加上风格多样的小写字体，形成美观而和谐的格调。

1770年，在巴黎开办活字制造厂的迪多家族正着力创造更有新意的罗马字体。迪多精心制作的这套字体，被称为迪多体，也是现代罗马体的初期代表。迪多体的饰线改老罗马体的曲为直，横竖粗细对比强烈，圆形轴线垂直，带有强烈的人工几何画法的气味，最大的特点是W的字面极宽，等于两个V字母连在一起。

1787年，在意大利以理论指导为基础诞生了具有决定性意义的现代罗马体，这就是现代罗马体的权威代表波多尼字体。特点是饰线略长，增加了字母的连贯性；横线与竖线对比较强，比例为1∶6，即横1竖6；M字面较宽，W是由两个V重叠而成，J比其他字母长，Q的字尾是先垂直向下再往右转向水平，图形轴线垂直，字脚与竖画相接处呈直角，字脚为直线。

◆ 7-7 英文字体演变

7.1.4 现代创意拉丁字母体系

方饰线体又称埃及体，现代罗马体流行了近半个世纪，便产生了效果强烈的方饰线的粗壮字体。开始这种字体被称为"法兰西小丑"，出现在巴黎街头的商业广告上，其特征十分明显：上、下饰线大而方厚，很像古埃及神殿大圆柱的柱台，后来文字设计师们便以此命名，称为埃及体。

方饰线体系列可分为三种：方饰线的饰线与字划同粗，方头，上、下饰线；柱台形饰线，与古罗马体的饰线相似，饰线上边与竖划以弧线相连，弧线以下加厚；超方饰线，高度超过竖画宽，内含空白减少（在长形字上多见）。

高科技的发展为无饰线体的发展提供了可能，简约设计是现代社会的主流，无饰线体取消了埃及体和罗马体的饰线，字体横、竖一样粗细，简洁明了，符合现代快节奏的时代特征和现代人的审美需求，有强烈的现代气息。无饰线体的细体字多使用在说明、序言及小标题中，粗饰线体多使用在大标题或文章的醒目之处，其功能与汉字中的黑体和等线体具有相同的功效（图7-8）。

◆ 7-8 方饰线体、无饰线体字体演变

7.2 错落有致——内文与标题

好的版面如富有创意的建筑，空间布局富有悬念，极具情趣，使人在不知不觉中进行有效阅读。

7.2.1 醒目——标题

标题在版式设计中占有重要的地位。标题在版面中是最先引起视觉注意的文字，标题设置的好坏、色彩的鲜明程度、文字的排列直接影响读者对内文的阅读，标题的大小、字体、形状、方向等都是设计时必须考虑的因素，它直接影响整体版面的设计风格。在版式设计中，当我们对文字进行设计时，通常采用网格系统设计，所以必须要确定好网格的风格、体例、同时确定文字与图片的网格分配。标题作为版式设计中重要的

组成部分，在最短时间内吸引受众视线，同时通过文字的字体风格，有效表现文章的情感与主要信息。标题按一般的视觉流程来设计，可以横向、纵向、斜向甚至是多角度多方向的排列，产生纵深感与空间感。也可以在标题中对局部进行装饰性处理，或用线框、箭头加以强调。因此标题的位置、字号、粗细、宽窄、字体都是必须准确表现的要素。根据网络的类型，标题可横可竖，可大可小，可倾斜可垂直，为的是有效突出文章主题内容，根据文章主题思想，改变标题的色彩、横竖变化节奏，甚至做局部的特异调整。在进行标题与正文的编排时，首先要确定内文的编排形式，由于正文作双栏、三栏或四栏的不同设计，标题的置入就会产生不同的效果，当内文文字量过多时，通常将内文分为三栏或四栏，这时标题可作居中、横向、竖向或边ণ等编排处理，避免通栏的呆板以及标题插入方式的单一性（图7-9~图7-10）。

◆ 7-9 标题设计

◆ 7-10 标题设计

两幅版式设计中的标题都醒目大方，占据画面主体，上图贯穿整个版面的左边，采用黑色无饰线体，端庄大方；下图采用现代字体，通过线条的切割与方向的变化，红色的标题与绿色背景形成强烈的视觉冲击力。

7.2.2 加深主题——副标题

副标题是对主题的深化与表白，是主题的进一步阐述。在设计时要注意主标题与副标题之间的风格和字体的大小，由于是对主题的进一步说明，因此在字号设计中，主标题的字号大小一定是最为突出的，同时色彩表现力也是最强烈的，人们在关注主标题的同时，随着内容的进一步推进和视觉流程的延展，副标题带领读者进入了内部，由此深化了主题内容。因此副标题既是对主题的进一步说明，也在陪衬主题的同时展现自己的独特魅力，实现步步为营的效果。

7.2.3 内容深化——正文

正文内容一般都属于阅读的重要部分。因为正文的文字量过多，往往容易引起疲劳感和阅读困难，所以正文内容如果过多，我们通常进行版面划分。正文版式既需要风格统一，同时要避免过多文字同一样式带来的呆板的画面形式。在实际设计中，我们通常通过色彩、分栏、文字的字号、字体进行调整。

行首强调的设计形式来源于欧洲中世纪的文稿抄写员，为了使文章看起来重点突出，段落分明，在正文排列中，将行首的第一个字或字母放大，使其作为版面中的图形元素，同具有一定视觉冲击力的图形相结合；或选用具有装饰性的字体，在保持基本结构的状况下，放大或缩小其局部，这种方式在许多设计中是非常流行的（图7-11~图7-12）。

7.2.4 步步深入——引文

在版式设计中，引文可以起补充说明的作用，它是概括一个段落、一个章节或全文大意的纲领性内容。引文简明扼要，不同于一般的正文，它具有点睛作用，能够引导读者逐步深入主题，因此与正文有很大区别。一般情况下体例和表现形式较为低调，为了方便读者阅读而采用暗含式的设计。引文可以安排在正文的左右面、上方、下方或中心位置，表现方式多样，并且在字体或字号上要与正文进行适当区分。在正文中，常会遇见引领提纲的文字，即引文（易称眉头），通常给予特殊的位置和空间进行表现。

7.3 有据可依的行间距

字行之间的距离称为行距，是从本行字的基线到上一行字基线之间的距离。行距已经将文字的高度包含在内。在设计的时候要考虑行距的大小，根据对阅读的速度及版面的清爽度等因素对行距进行设计。要求行距控制不能过大，不能对版面造成浪费，段落之间要清晰，以适应读者阅读的间歇性。要掌握好疏与密的结合，疏主要用意是留足空白，密主要是为了体现出紧凑，只有处理好疏密的关系，整体布局才会合理。一般讲120%~180%的行距比较适合阅读（图7-13）。

◆ 7-11 内文设计

◆ 7-13 书籍内页设计

◆ 7-12 内文设计
通过对行首字体的变形与装饰，让它在文章中起强调作用，并且突出了设计师的设计理念，吸引读者的视线，装饰和活跃版面，至今仍是版式设计中的一个重要的装饰方式。在文案设计中，行首装饰性的强调已远远不只有"点"的作用，而更主要是作为一种视觉化的"形象"，富有"装饰性"，以突破常规的整齐一律的原则塑造版面的装饰风格，产生更强烈的视觉冲击力。
为了产生特殊的效果和突出主题，要进行线框或比例的强调，减弱其他视觉要素的分量。局部强调采用的手法不限，主要是为了打破平淡的编排布局，活跃了气氛。

7.3.1 先来后到——字号

字号是计算字体面积大小的术语，通常采用号数制、点数制和级数的计算法。号数制用来计算字体铅字的大小标准制度，有初号、一号、二号、三号、四号、五号等，扁体字字体按宽度计算，长体字按长度计算号数。照排机排版使用的十毫米制，即本单位是级（K），1级为0.25毫米，它是用级数来计算。点数制是世界流行的计算字体的标准制度。电脑字也是采用点数制的计算方式，每一点等于0.35毫米。标题字一般14点以上；正文用字一般为9点~12点，文字多的版面，字号可以为7点~8点。

随着电脑技术的应用，出现了多种装饰字体与书法字体，有粗黑体、综艺体、琥珀体、粗圆体、细圆体、水柱体等。字号可随意改变，长短可随意变形，还可做出各种特殊的肌理效果，具有灵活多变的特点（图7-14）。

◆ 7-14 字号对照表

◆ 7-15 版式设计
设计的前期准备要做到有备无患。

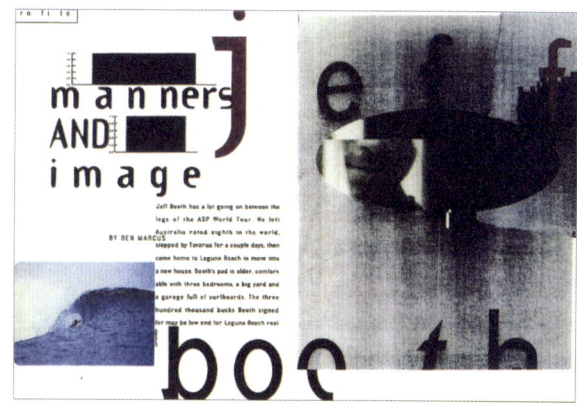

◆ 7-16 戴维·卡森
现代设计的形式多样性已打破了这种限定，呈现出多元化的表现方式。将文字分开排列，清新明朗，富有现代感。

7.3.2 让阅读变为可能——字距与行距

字距与行距的把握是对版式设计的整体感受与个人特质的一种反映。字距与行距的排列可以导致阅读速度的增加与降低，文字排列紧密会使阅读速度加快，反之会降低阅读速度。字距与行距的宽窄是设计师较难把握的问题，其基本构成依据形式美的构成法则。文字的排列会形成点、线、面的感觉，在版式设计中就形成了一定的形式感，所以灵活运用与掌握字距与行距的使用，是阅读与形式美感的共同需求。

不同的字体有与之相应的行距与字距的比例安排，由于人们的生理因素与视觉习惯形成了一定的定势，在设计时就要充分掌握这个因素。行距过窄，上下文字相互干扰，目光难以沿字行扫视；反之过宽，会使文字没有较好的延续性。字距的拉大虽然会影响阅读的速度，但在现代设计中这也是一种常用的表现手法，它会使字重新回到"点"的视觉元素中，形成一系列的虚点，吸引读者做出耐心的评判。由于视线的游离与移动，会拉动版面中其他的视觉元素，对内容进行很好的释读，具有精致典雅的效果。为获得良好的阅读效果，行距要略大于字距。在常规比例下，字8点，行距为10点，即8：10；字10点，行距则为12点，即10：12。现代设计中行距的宽窄除了要依内容而定，还要体现设计者的表现风格。一般情况下，娱乐性、抒情性读物，加宽行距可以体现轻松、舒展的情绪，也有纯粹出于编排的装饰效果而加宽行距的（图7-15~图7-16）。

7.4 限定的格局——分栏

分栏是将版式设计中页面内容整齐地排列为几列，目的是使版面安排变得更加灵活，图片和文字能够更加合理地进行排列。

7.4.1 为何分栏

所谓分栏是将出版物版面划分为若干栏。出版物的分栏是由上而下垂直划分的，每一栏的宽度相等或不等，这取决于网格的设定。一个版面按几栏分版不是一成不变的，可根据内容做灵活调整。相对固定的、宽度相同的栏称为基本栏。每一个出版物都有相对固定的分栏，依据是否有利于读者的阅读，是否有利于表现内容的特点。灵活的分栏在版式设计中并不是主流，过多的变化会影响人的阅读，因此在实际设计中，它可以调节略显沉闷的版面形式（图7-17~图7-18）。

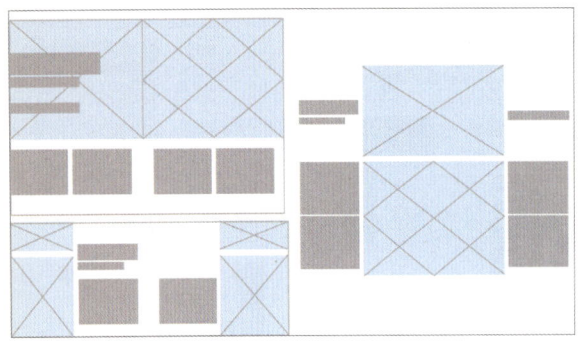

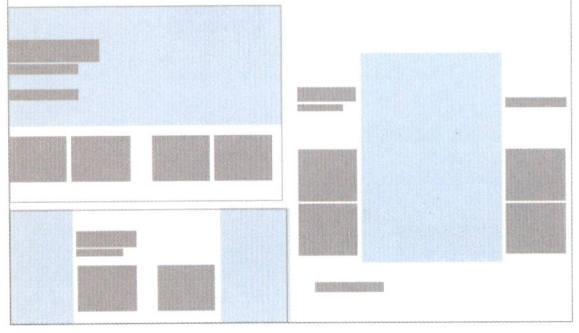

◆ 7-17 分栏设计 Ⅰ

◆ 7-18 分栏设计 Ⅱ

分栏是将文档中的文本分成两栏或多栏,是文档编辑中的一个基本方法。常见的分栏形式有单栏对称网格、双栏对称网格、均衡双栏对称网格、多栏对称网格。

单栏对称适合纯文字类书籍,可适当在页面中配以图示,以缓解画面的枯燥感。

双栏对称适合文学类书籍、杂志内页正文,也可使用左边放置文字,右边放置图片的方法将版面重新进行划分,增强版面的变化性。

均衡双栏对称适合文字编排较大的图书,可左边窄右边宽,或右边窄左边宽,操作较为灵活。窄栏一般可以放置注释或者相关解释说明的文字,添加注释的书籍正文可根据内容调整双栏的宽度。

多栏对称适合术语表、联系方式、目录、数据等,也可根据实际内容增加或减少栏数。可以根据文字字号等情况自由安排栏数,但左右两边的栏数必须相等。多栏对称网格的缺点是不适合正文编排。

7.4.2 虚拟的线条——分栏

古代印本书的版式名目繁多,有版框、栏线、界行、书耳、版心、鱼尾、象鼻、白口、黑口、天头、地脚、行款等(图7-19)。

版框指书版一叶文字四周的边框。栏线指围成版框的四周黑线。上下方分别为上栏下栏,左右两边分别称为左栏右栏。四周单线印的为四周单边或单栏,单栏多是粗线。

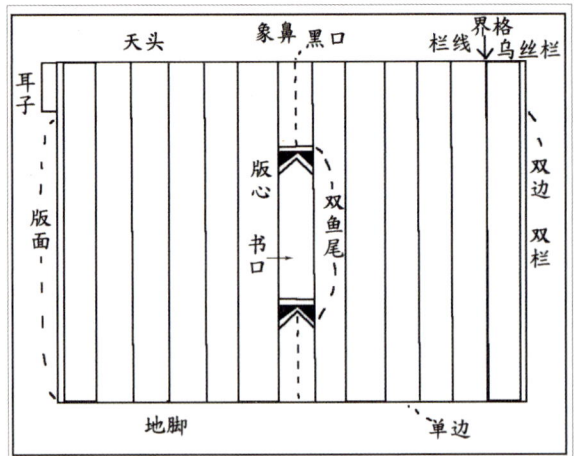

◆ 7-19 古代书籍版式

这些看似不起眼的起分割作用的虚拟线条能够有效调节阅读速度和质量,虚比实更加让人捉摸不定,让阅读者感受到游走于空间中,线条量的多少取决于设计者对内容的分割和具体文字内容类型的传达,不同的出版物和电子读物可采用灵活的分栏表现。

7.4.3 如何体现灵活的分栏体量

在现代版式设计中,由于内容的多变和可塑性,内文的分栏也变得灵活多变,栏目的宽窄、大小等都可以进行调整,根据阅读习惯和具体内容确定(图7-20)。对于信息量较大的报纸,我们按通过新闻、广告、实事、生活小常识等具体内容进行不同的划分。对于小说等大篇幅的内文,考虑版面的大小和文字的连续性通常采用通栏设定,方便阅读和体现书籍的整体风格。杂志期刊的分栏比较灵活,可以用文字、图片进行栏目的分割表现，增加了趣味性和画面的多变性。无论是何种类型的设计和表现，最重要的是信息的传递。

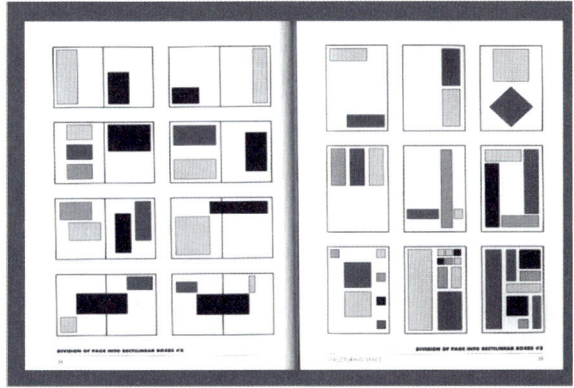

◆ 7-20 分栏体量

7.5 非一成不变的整齐划一——文字的对齐方式

文字的编排需要一定的对齐方式，以确保整体的统一和阅读方便。常用的对齐方式有左对齐、右对齐、对齐顶部边线、对齐底部边线、对齐水平置中、对齐垂直置中等。

（1）左对齐

这种排列方式在诗歌的编排中经常见到，它是最符合人们视觉习惯的一种排列方式。人们的视觉流程是按照从左至右的方式阅读，空白处可以使阅读变得轻松；对于右边的空白之处早已习惯，左面整齐，右面长短不一的空白变化，整齐中又有流动感，富于变化（图7-21）。

◆ 7-21 左对齐

（2）右对齐

右对齐的不规则性增强了人们的阅读兴趣，一反常规的视觉流程具有新奇的视觉效果，在律动中富有变化。这种格式只适合文字量很少的内容，右对齐的编排设计会引起视觉的长期注意（图7-22）。

◆ 7-22 右对齐

（3）两边对齐

两边对齐适用于文字的大量版面，左右两端长度相等，形成一定的块面，具有端庄、严谨的风格，版面清晰有序。它是书籍、报刊中常用的一种排列形式。

（4）文字绕图

文字绕图是以画面中的图形外轮廓为边线，在图形的周围插入文字内容，这种手法显得活泼生动，富于流畅的视觉流程，具有很好的说明作用，是现代版式设计中常用的手法之一（图7-23）。

◆ 7-23 文字绕图

（5）中心对齐

中心对齐以中心线为基准对称排列，左右两端的字距相等，使视线更为集中，突出整体特征。这种版式的特点是传统、肃穆、庄严（图7-24）。

◆ 7-24 中心对齐

（6）自由排列

自由排列的版式不遵循常用的形式，是一种源自设计师内心灵感冲动的版式。它富有诗意，具有感性，打破秩序，随兴而起，文字的不同方向的穿插排列显得轻松自如，仿佛在游戏中完成了内文的阅读（图7-25）。

◆ 7-25 自由排列

（7）文字的横排与竖排

横排是在新文化运动之后，为了适合现代工艺和现代设计的要求而出现的一种排列方式；竖排是汉字的传统书写方式，它更能体现传统文化，是对古朴风格的一种情感诉求。在现代版式设计中也经常看到这种排列方式，灵活应用竖排可以获得新的视觉体验，突出主题（图7-26~图7-28）。

英文的竖排方式与汉字的竖排方式不同，因其字母书写时的连贯性，竖排时只是直接将文字作顺时针90°旋转。竖排在英文中并不常见，这种排列方式只是为了满足特殊版面的需要，为了追求一种新奇的效果。

◆ 7-26 横排

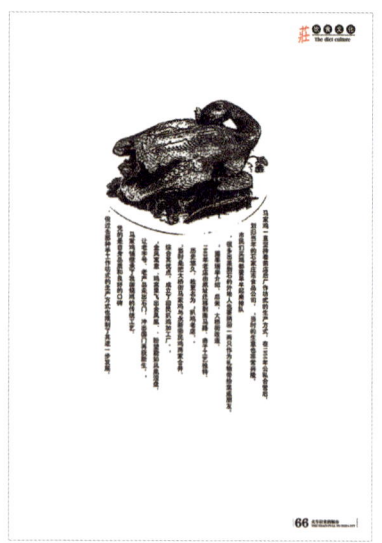

◆ 7-27 竖排

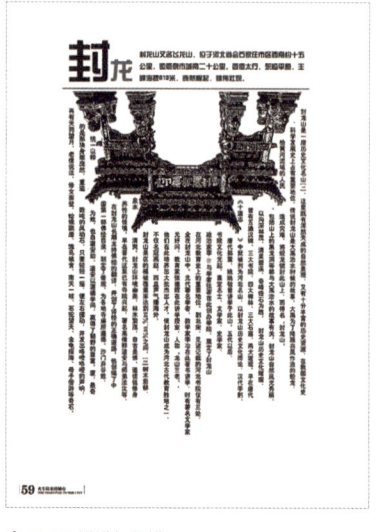

◆ 7-28 横排与竖排

教学实例

文字的形象性是将字体形象化、趣味化,因为文字本身是由图形转变而来的。在设计时,文字既是图形,又是文字,具有一定的象征意义,具有一定的文化内涵(图7-29~图7-30)。

文字的意向性使文字的内容具有回味感,它不是仅仅停留在文字结构的表面,而是结合多项笔画、空间结构进行视觉元素的组合,进行综合设计,把文字的内在组合关系作为一种传播媒介,一般不以具体形象为设计元素。

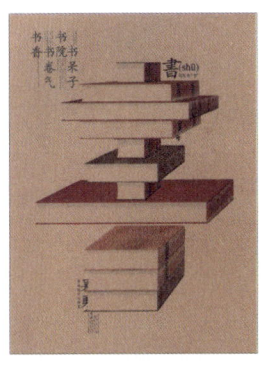 

◆ 7-29 文字表现
左图采用具体形象进行字体设计,真实可信,同时色调的表达有效传递了设计主题。同样采用了具象图形,使人们有一种亲切感,画面通过具有代表性的年代产品与文字透叠组合,让人感受到尘封的时代特征。

 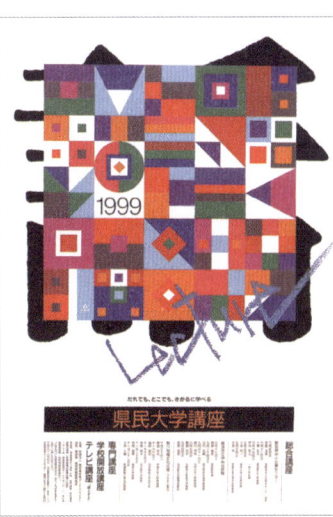 

◆ 7-30 文字表现
文字不以传达信息作为主要表现形式,文字的意向性和文字的装饰美感成为设计的主题。文字是记录人的思想的书写符号,中国文字的形、声、意所表露的"形美以悦目、音美以悦耳、意美以感人"的意境,使我们陶醉于文字散发的艺术美的气息中。文字与我们生活有密切的联系,并且具有极强的生活审美情趣,尤其在中国文字不断发展演变的过程中,无时无刻地不体现它的魅力。

设计点评

无论文字以何种形式出现在设计中，它都是设计的主体和最有效的信息传递者，因此当文字以一种图形语言出现在我们的视野中时，文字承载了历史、文化、图形符号等特征，文字的表达又多了深层含义（图7-31~图7-32）。

◆ 7-31 文字表现
同一组文字通过不同的材质、色彩表现了不同的意境；左图的文字色彩在低明度的区域进行细微变化，给人安宁感，中间的文字通过折纸的形式表现了二维空间的三维纵深；右图通过透叠镂空表现，呈现了跳跃的色彩体系，画面活泼，富有层次。

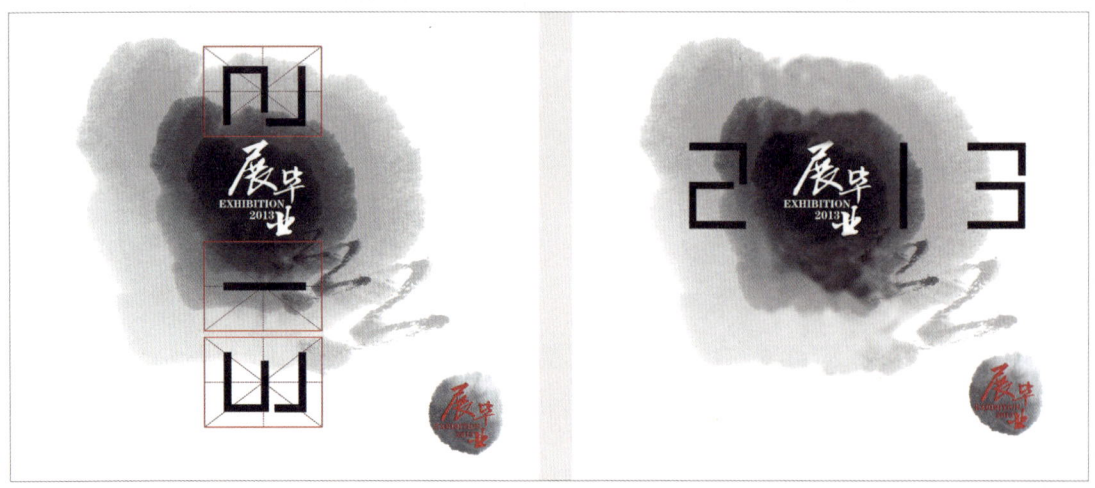

◆ 7-32 文字表现
在招贴设计中，文字的位置、大小、疏密、方向等会对整个版面发生作用。左图的设计保持了文字的大小与疏密比例，同时上下文字相对应，避免了如右图所示的头重脚轻的效果，整个设计色彩和谐统一，文字的居中左对齐既显得活泼，又不失庄重典雅。

课后练习

无论何种字体设计，都需要同具体设计题目和载体相结合，可以练习相同元素的不同版式，主要是为了提高对图形、文字、色彩的有效使用和表现（图7-33）。

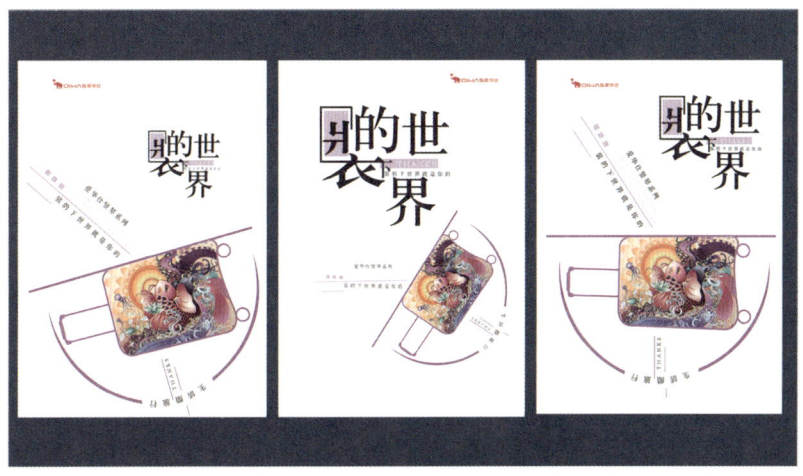

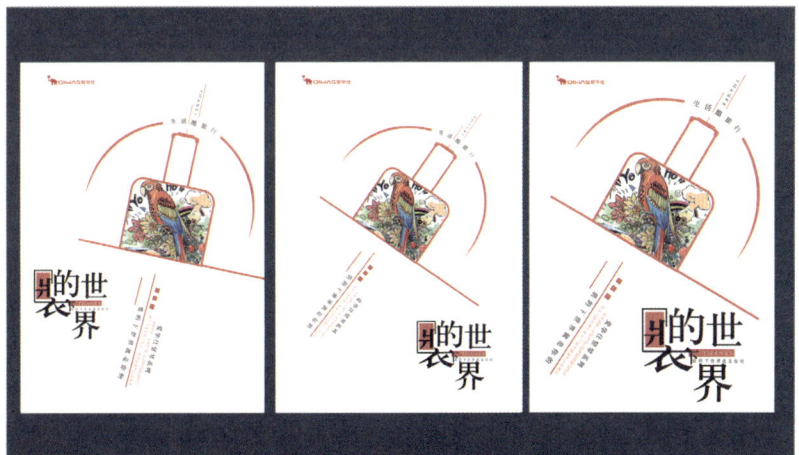

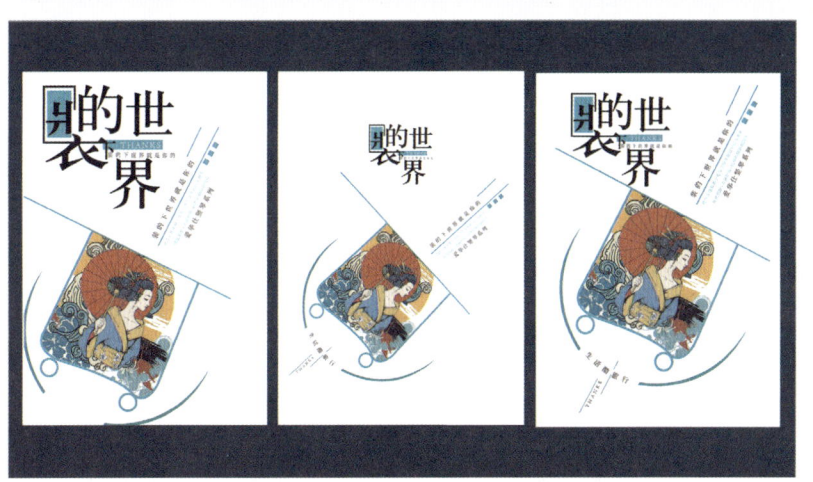

◆ 7-33 康亚洲 爱华仕《装的下世界就是你的》
这是一组有针对性的版式设计练习。设计时，首先考虑产品的使用地，选用了不同国家的插画进行表现，文字采用局部特写的形式进行夸张处理，方格形式与招贴设计中说明性的文字形成对比，使招贴主题突出。在反复试验后最终采用了每组的第三张作品作为最后的设计稿。对比之下我们不难发现，第三张作品无论是画面图形、色彩，还是文字的方向、大小、与图形的组合方式，都是经过精心设计和全面考虑的，从版式的疏密、文字的块面结构等方面都最大限度地发挥了作用。

第8章 能说会道的图形图像效应

在版式设计中,有效地利用图形的视觉效果,可以获得最佳阅读效果。在高速发展的社会中,图形的相对单纯性与直接性使图形的识读率远远高于文字的识读率。图形在版式设计中占有重要地位,图形的应用范围极广,包括平面设计、影像设计、电脑图像设计等。图形的功能远远超出了传统意义上的审美形式,已经拓展演变为一种以视觉艺术形象为载体的传播媒介、一种以视觉艺术为形式的交流语言。

8.1 一目了然——图形图像的表述

图形图像是现代人阅读的主要视觉符号。早在原始社会时期，图形主要表现为洞穴壁画或陶器、兽骨上的纹样符号，图形是人类创造的具有审美因素、情感因素和表现因素的特殊符号（图8-1）。它不是词语符号和推理符号，也不是作品中的单元符号（符号因素），而是知觉符号或图像符号，它是意识形态的外化，是由人的主体精神和客体社会或自然交互作用的特殊反应与表现。"图"与"意"紧密相连，相互作用，"图"可以表"意"，"图"也可以产生"意"。运用图形的非直接性的视觉元素往往比直接诉求的方式更容易引发受众情感的共鸣，而这种非直接性的视觉语言更具有强烈的艺术魅力和个性色彩。在工业革命后期，在科技发展的同时产生了记录自然物象的仪器。仪器的发明使用一度使绘画陷入了窘境，但是我们对图像的使用不仅仅局限于仪器的忠实记录。现代电脑技术的飞速发展，图像变成了可以更改的记录符号（图8-2）。

8.1.1 图形图像的再认知

图形符号作为现代视觉信息重要的传播符号，是一种可视的、直观的意志表达方式。图像是我们对于客观存在事物的尽量真实的、自然的描述。图形是具有视觉传达功能、能够被人们所理解、所关注、所认知的再创视觉语言。图像是我们根据客观事物而主观形成的、人为的记录。两者都具有形象性的特征。在视觉表现技术高度发达的今天，计算机为众多信息的"可视化"表达提供了可行性基础，图形是对现实的主观处理和提炼（图8-3）。图形由计算机通过描述轮廓进行绘制，绘制的几何图形、工程图纸、CAD造型等，属于矢量图。在多媒体技术中，图形与图像的区别是还原性与创造性。图像是指由扫描仪、摄像机、照相机以及其他电子输入设备捕捉实际的画面产生的数字记录，是由像素点阵构成的位图，存储格式有JPG、BMP、PCX、TIF、GIF等。为了使图像打印输出时清晰、不失真，因此存储数据量比较大。图像经常用于表达真实的照片，同时也进行一些复杂的图像处理，表现复杂的绘画、图像的细节。图像具有真实还原性，包含明暗、色彩、深度等变化，并且可以通过图像处理软件进行特殊场景和特殊图像的处理（图8-4）。

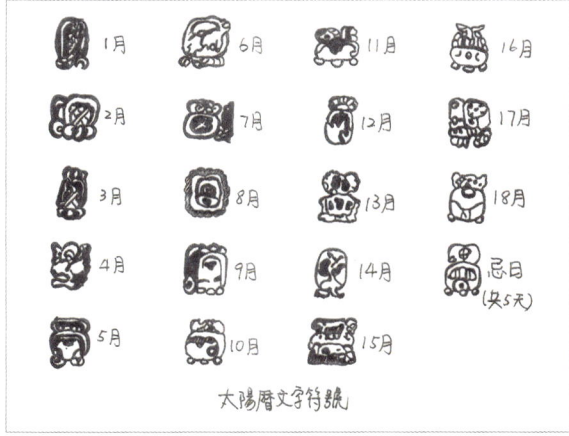

◆ 8-1 玛雅人的图形符号

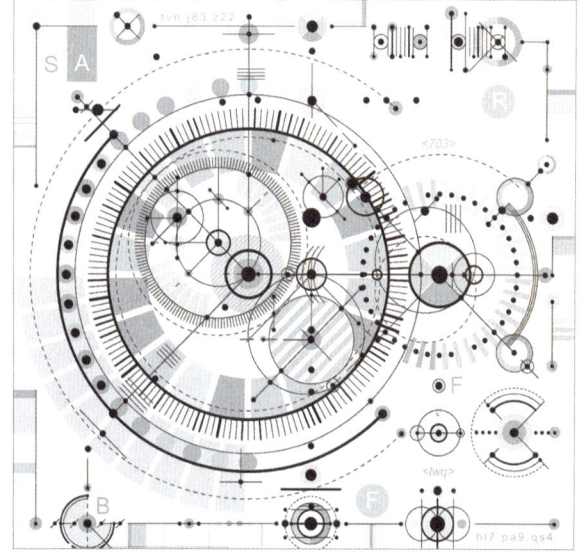

◆ 8-3 计算机

◆ 8-2 士力架糖果零食平面广告

◆ 8-4 图像

8.1.2 看似简单的构成语言——图形图像构成方式

图形的抽象性表现了简洁、鲜明的设计风格，它是对自然形态的简洁、概括、提炼，它是现代设计理念的形式表现。现代设计中的造型艺术对"形"的依赖还很明显，只是这个"形"不表达具体的形，而是表达更深的思维活动的"意向"，是超脱自然形态的人为形态。抽象图形的极简风格符合现代审美需求，图形的简洁化与抽象化表现了现代人高速的和失调无序的生活方式，抽象性对图形的要求是要在刹那间将它们所代表的某种意义识别出来，这些图形本身不代表任何具体的东西，却可以用它解释具体的事物，让读者充分发挥想象力去联想、体味、补充。抽象图形在画面中并不作为主体，但起到烘托主题、营造气氛、衔接信息的作用，抽象图形既可由点、线、面等几何图形构成，又可由不规则的有机性、偶然性构成。

图像一般是指具象的表现形式。图像是经过精密仪器进行的现实追踪，因此具有说服力和表现力。电脑的使用使图像变成了一种游离于现实与非现实之间的图形符号，因此图形图像是可以相互转化的活跃要素。在现代版式设计中，图形图像不能截然分开，有效利用相互的有利因素，做到你中有我，我中有你，才是最好的设计表现。

以形绘图，以图表像，图形视觉语言从刻写绘制、概括提炼、装饰美化到抽离提取，从对自然地相对"写实"模仿，到科学主义的进驻创造架上绘画的假想空间，再到摄影摄像的真实再现，从虚拟的复制到现实的错觉表现，都是对图形视觉语言的再创造和再认知（图8-5）。

◆ 8-5 计算机图形、图像

8.1.3 图形图像设计思维表现

德国著名视觉设计大师霍尔戈·马蒂斯教授曾说："一幅好的设计应该是靠图形语言，而不是靠文字来注解。"现代科技的发展使图像有效介入设计中，图形、文字、图像作为人类思维表达的载体和工具，在交替中相互借鉴与发展。图形具有了抽象性和概括性，图形与图像的最大区别就是抽象概括和真实再现。文字的创造性发明反映了人类认识世界由感性向理性的发展过程，也反映了人类利用符号的能力不断提高、交流逐层深化的过程。

（1）设计思维的跳跃性

跳跃性思维是在常规思维的基础上反映出来的具有一定思想规律或者不规则的思想意识中表现的思维模式。有规律的跳跃思维呈现了一定的规律、法则，无规律的跳跃思维更像是一场设计者与受众的视觉对决，结局可能出人意料，也可能实现不了有效传播。比如，百岁山矿泉水的创意表现就是一种迥异的创意思维，将浪漫的爱情故事作为创意点，想要体现产品的高端、与众不同，但是由于故事鲜为人知，制造了沟通桥梁的断点。这种反常规的思维方式是在是与不是之间架起一座桥梁，对事物的思维方式是非连续性的，把表面上不相关联的事物通过内在本质的关联进行创造，达到一种变异的视觉形象（图8-6）。

◆ 8-6 Pastor winery果香新鲜酒品牌设计
设计采用日常生活场景，增加了亲近感和家庭氛围。

（2）设计思维的综合性

图形图像的最终传达都是在综合的基础上进行的信息最终传递。综合思维体现了方方面面，不仅仅是观察角度的综合性，同时还是表现手段的综合性、信息传递方式的综合性、画面语言的综合性、情感链接的综合性。

综合性是多方面能力的体现，设计师的创造能力在很大程度上依赖于其对事物的综合把握。综合性思维方式建立在对事物的外在特征、内在本质及与之相关事物的关联的基础上，从而建立了全方位、多角度、多视点、多维空间的整合思维过程，由此形成了从常规思维到逆向思维、反常思维、发散思维的创造性思维形式（图8-7）。

◆ 8-7 Social Media——社交媒体APP设计
这是一图形、图像紧密结合的设计案例。设计综合了时尚要素，画面色彩强烈，大面积的黄色与小面积的绿色形成鲜明的对比，黄色具有感染力和扩张感。

（3）设计思维的求异性

创意思维必须与众不同，没有求异，就找不到画面的震撼点。在图形图像设计领域，奇特性与创新性是关键所在。如何在多变的版式设计中抓住观众的视线，这要求设计师的作品具有特异性。创意总是强调不断创新，在设计的风格、内涵、形式、表现等诸多方面强调与众不同，不安于现状、不落俗套、标新立异。人们的心理也追求一种新奇的视觉效果与表现形式，电影、电视、报纸、杂志都在求新、求变。摄影角度的变化、化妆手段的变化、服装裁剪的变化都是思维求异的结果。任何一种表现手段、途径、形式的改变，都会改变最后的图形、图像的表现力。设计者只有在创作中不断寻求新视点，突破形象的外在特征达到质变，使理性思维与感性思维相结合，才能寻求新的视觉形象（图8-8）。

◆ 8-8 George Common Table圣乔治公共桌公益平面广告
独特的视角与稳定的版式，让画面具有凝重感，新颖的物象表现让人容易感受到主题。粗壮的文字与图形的叠加表现，增加了画面的层次和厚重感。

设计思维的求异性有4种具体表现手法；

象征手法是图形图像的最主要表现形式。象征手法的运用，增加了图形图像的视觉效果和语言魅力。象征的本体和象征意义之间可以有必然联系，也可能没有必然联系，设计师需要根据以往的经验和生活常识与人们对事物的认知度，突出描绘事物特征，使观者产生由此及彼的联想，顿悟其中含义。象征手法通过对抽象概念的具体化、形象化，使深刻的哲理浅显化、简明化，加快和加深人们对于图形图像内涵的领悟，使图形图像的内涵得到延伸。

比喻手法的运用是为了更加形象生动地阐释图形图像的表现力，如用大枣、莲子比喻子孙繁衍，用梅花鹿、蝙蝠、桃子、松树、仙鹤比喻长寿，用鱼比喻生活富裕等。在现代设计中，我们可以通过靳埭强的广告设计感受到比喻的内涵。

夸张的主要目的是烘托主题，感染气氛，更加深刻、生动地揭示事物的本质，增强图形的感染力和趣味性。夸张法无论在图形图像视觉语言中，还是在舞蹈、音乐、喜剧、文学、电影等艺术中，都是经常使用的手法。夸张表现手法通过言过其实的方法，强调、扩展画面中形象的主要特征，或是打破现实的物与物之间特定的比例关系，通过一种反常规、反正常比例的关系表现，形成鲜明对比。夸张是在保持原形的基础上，对形象进行夸张处理，将形象的局部、整体、色彩、大胆进行变形，创造一种奇特新颖的视觉形象。

借代手法的运用增加了图形图像的神秘感，为了更好地表现画面情节或事物的独特性，通过"借"与说的人或事物有密切象征关系的其他事物来"代替说明"。借代手法可以自发地引人联想，调动受众的思维与对事物的直觉认知，在头脑中形成认知共鸣，从而达到心有灵犀一点通的奇特效果。

8.2 张弛有度——图形图像的裁切与组合

在版式设计中，图形图像是重要的组成部分，它们的位置关系到版面的整体布局。为了定出视觉焦点，需要对图形图像进行恰到好处的安排，充分展现它们的传播功能，起到良好的说明作用（图8-9~图8-10）。

◆ 8-9 2016年Kickstarter年度展
图形与文字叠加的表现形式让画面充满了节日氛围，打破了传统图像单一摆放的格局，增加了图像的趣味性和新奇感。画面图像与文字仿佛游戏一般，文字在图像后面的断断续续并未影响阅读，反而增加了阅读的刺激性。

◆ 8-10 加拿大渥太华——绿色新鲜食物的"革命"
图像经过特殊的图形处理，让人感到温馨，文字、图形、图像的并列排版，增加了阅读的流畅性。白色文字在版面中更为突出，黑白图形，白色文字，白色面粉，相互之间在相似中寻求不同。

8.2.1 大小组合体现比例

由于版面的局限，文字与图形图像在版面中需要进行合理的安排，充分发挥各自的功效。图形图像的大小直接影响版面的视觉传递与情感诉求，为了达到更好的传播效果，对图形图像的处理需要主次分明，进行大小对比。主体图形图像一般需要放大，处于版面的中心，附属图形图像缩小，起到解释说明的作用，这是编排设计的基本原则，就像文字排版设计中的主标题与副标题的结构一样，需要强化重点（图8-11）。

◆ 8-11 GIAMPIEROCRUCELI网站设计
大写的白色数字最为醒目，夸张的大小与人物形成鲜明对比。人物穿插于数字之间，形成了你中有我我中有你的格局，让画面具有丰富性。文字裁切使画面变得具有动感，同人物遥相呼应，手机图像自上而下贯穿整个版面，成为有效的视觉流程。

8.2.2 重叠组合体现空间

现代版式设计中，针对不同的阅读人群，采用不同的设计风格，总体来说，现代版式设计中的图形图像数量已超出过去图形图像数量的多少直接影响阅读的兴趣，反映设计者的风格取向。图形图像数量多的版式设计中，气氛显得活跃，适合于普及性及娱乐性的读物，图形图像数量的多少需要设计者根据内容作精心的安排，达到合理的视觉要求（图8-12）。

8.2.3 满版与裁切体现独创思维

满版的版式设计并不新奇，但是满版需要勇气和一种舍我其谁的精神。通常，满版的画面处理都具有侵略性，大胆、豪放，画面空间饱满，主题突出。广告设计中满版的版式并不少见，但是在书籍设计中，满版的设计通常是为了表现画面的与众不同和特殊的形式感。裁切的表现风格其实是一种大胆的突破常规的画面形式，在广告设计中我们通过佐藤晃一的表现手法可以深刻感受到裁切的视觉魅力。在现代版式设计中，裁切可以是文字的局部裁切，图形的有意识空白裁切，图形与文字的组合裁切，总之是在不影响阅读和信息传达的前提下创新表现（图8-13）。

◆ 8-12 Borough—Cuberto海外留学生的设计和建造
版面通过图文半分的排版方式，采用图文重叠、图形与图形重叠、图形与图像重叠的表现手法，使版面明晰，色彩对比强烈，重复的视觉表现增强了信息的表达。

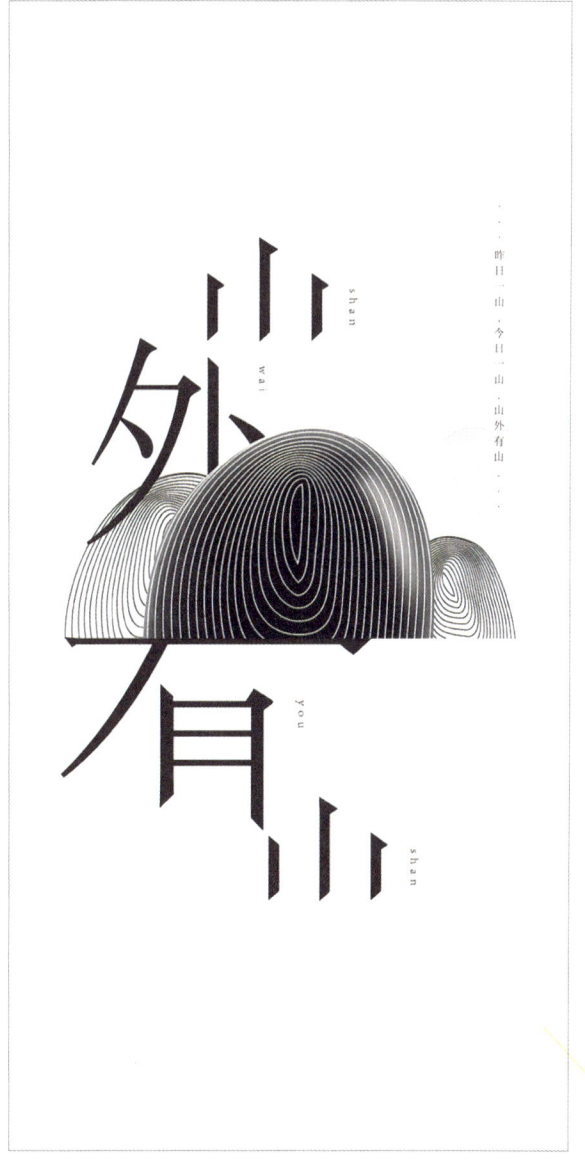

◆ 8-13 招贴设计
在版设计中，图形与文字要素进行了大胆的裁切，给读者留有大面积的想象空间。画面空灵、透气，文字与图形相互遮挡，互为作用，裁切的表现手法不但没有影响信息的阅读，反而增加了画面感。

8.2.4 分类组合

位置的安排并不是一成不变，传统的版面会让阅读产生倦怠，新颖的位置和重新组合的方式更加凸显了主题和主要信息，可以更加强化主体内容。

大小与数量：由于版面的局限，文字与图形在版面中需要进行合理的安排，充分发挥各自的功效。图片的大小直接影响版面的视觉传递与情感诉求，为了达到更好地传播效果，对图片的处理需要主次分明，进行大小对比，主体图形图像一般需要放大，处于版面的中心，附属图形图像缩小，起到解释说明的作用，这是版式设计的基本原则，就像文字排版设计中的主标题与副标题的结构一样，需要强化重点。

图形图像数量多的版式设计中，气氛显得活跃，适合于普及性及娱乐性的读物，图形图像数量的多少需要设计者根据内容作精心的安排，达到合理的视觉要求。

方向的变化可以产生强烈的视觉变化，引导读者进行阅读。方向可以通过人物的动势、视线的流程、图形的倾斜来获得，吸引视线兴趣（图8-14）。

◆ 8-14 招贴设计
现代版式设计中，需要针对不同的阅读人群，采用不同的设计风格。

教学实例

在版式设计中,图形是信息的载体,不仅承载了事物本身,同时还延伸隐喻的信息含义。图形需要进行深度的创意表现,这种深度包含客观世界中有形的物质要素和精神世界中无形的关系要素,有形的物质要素,即形态基本要素(形状、色彩、肌理)和空间限定要素(点、线、面、体、空间);无形的关系要素有情感、想象、意义、美感、机能、技术等。图形的最终目的是有效地传播信息,图形和人之间的思想互换和传递建立在深度建构的基础上(图8-15)。

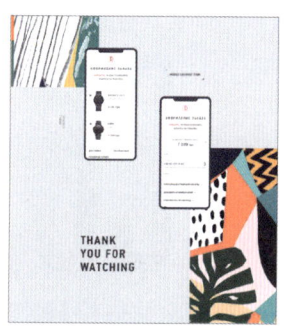
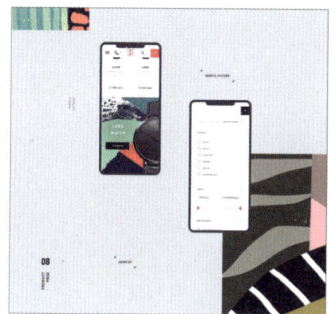

◆ 8-15 DEKA——流行手表配件网上商店APP
图形通过比喻、联想、解构赋予全新的含义,图形要素的关联性、必然性、偶然性是深度构建的基础,这些表现思维和手段的发展与社会发展、生活改变、思想提升、意识规范和社会群体的共识相互对应,密不可分。在版式设计中,图形要素具有审美因素,此作品采用偏心式、对称式版式,画面具有空间感和透气感,图形色彩具有张力,有效吸引读者注意力。大面积的空白有利于主体图形的凸显,形成鲜明对比,整个设计以少胜多,恰如其分地通过色彩的强烈、丰富的肌理使画面具有了关注度。

设计点评

点、线、面充满了无限的组合形式，而且每一个都是画面的有效分界，可以组合，可以分离，同时带来无限想象空间，点、线、面可大可小，可粗可细，可长可短，可虚可实，都是设计中常用的表现手法，但是由于组合不同，对比方式不同个却呈现了千变万化的版式风格（图8-16）。

◆ 8-16 招贴图形应用

在这几幅设计中，图形采用了非常见的表现形式，每个画面都进行了精心安排。上左图采用文字与图像透叠的方法，画面呈现斑驳的视觉效果，增加了趣味性与空间层次；上中图采用图底互换的形式，画面通过大面积的红色与黑色对比，在黑色的图形中进行了虚形的错接，打破常规的完整图形模式，虚与实、红与黑形成了三种层次关系，背景的底纹因底图的处理与前景制造了矛盾的空间；上右图采用文字与图形的穿透设计，二者互为一体，形成了简洁明确的版式结构，居中的版式设计端庄、稳重，色彩表现简练、大方，黑色具有沉静、安稳的氛围；下左图是靳埭强的《字在我心》设计作品，将中国书法元素发挥得淋漓尽致，整个画面以书法的表现形式，书法的水墨感染力作为主要表现手段，画面典雅、大气，体现中国书法的胸怀，色彩表现以书法的水墨层次作为重要元素，偏心式的设计使得画面更加沉稳，舒缓；下右图的设计图形与图像结合紧密，经过精心重组，变成妙趣横生的图形，文字承载了整个画面的线的要素，在不知不觉中参与到设计中，画面线条粗细、曲直、对比有序，色彩简洁明了。

课后练习

在实际设计中，大胆运用留白表现形式，让留白积极参与设计，并成为设计的主体。留白不是简单的空白，而是有意识的图形要素的体现与主题的渲染，好的留白可以让人充分发挥想象空间和调动一切感知要素（图8-17）。

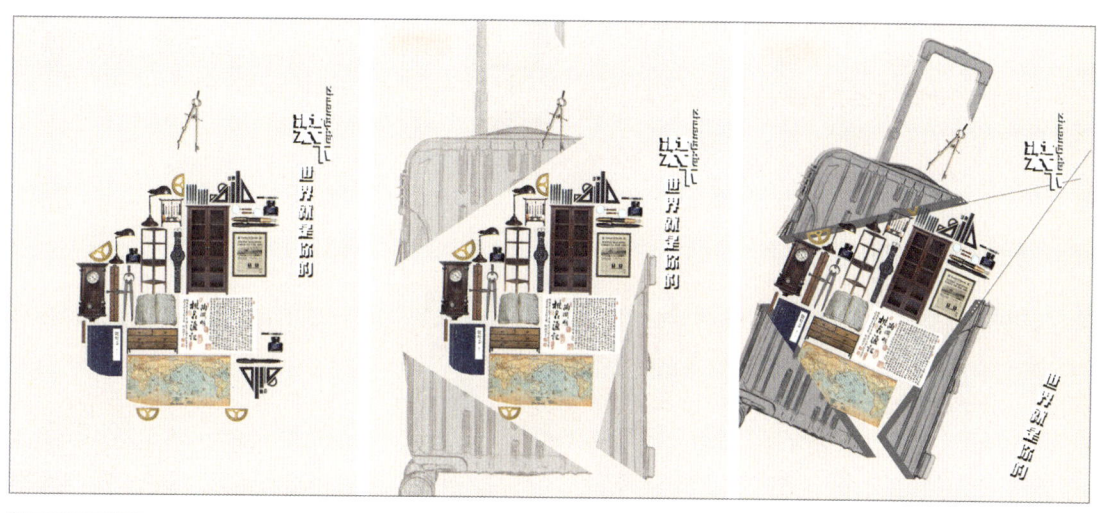

◆ 8-17 郭铄漾 招贴设计
　　在设计练习中，可以通过这组设计得知设计的整个思路和表现形式的变化。每一组的第一幅设计作品都是在设计初期还没有完整的思路时完成的。学生在设计初期都是依赖于现有的图像，也就是照片，所以思维被限定在完整的照片中，不敢越雷池一步，其实无论是图形、图像都仅仅是表现的一个素材，如果仅仅将其完整地放置在画面中，并没有被深层发掘，其归根到底也还是一个平淡无趣的照片。第三幅作品才是我们所要达到的效果，虽然是进行了几条线的切割，但是让画面变得灵动和富有感染力，平面的线和平面化的行李箱有效结合，增加了画面的整个层次，充满了现代感和设计气息。

第9章 富有情感的肌理元素

　　肌理又称质感，是指物象表面的纹理、质地、质感等特征。由于物体的材料不同，表面因组织结构、排列方式和构造形式的各不相同，会产生粗糙、光滑、软硬等感受。人们通过触摸感受物象表面的区别，如凸与凹、粗与细、软与硬，平面与立体等进行实际感受的称为触觉肌理。经过长期观察，在心理留下深刻印象，不用进行触摸便能对所示纹理产生心理反应的称为视觉肌理。肌理效果的运用能够丰富画面构成，加深形象的视觉印象、增强感染力。

　　自然肌理是自然界中形成的天然纹理，如植物叶脉形成的纹理、树木表皮形成的纹理、风吹水面形成的水波纹理等，都是自然界客观存在的。自然纹理能启发创作灵感，通过提炼视觉元素、掌握构成规律，为设计者提供更多的表现手段。自然纹理的构成差异较大，变化细微、丰富。

9.1 纸张肌理

纸是用植物纤维制成的薄片，作为写画、印刷书报、包装等。纸以张计，故称纸张。纸张一般为分：书皮纸、字典纸、拷贝纸、板纸、凸版印刷纸、新闻纸、胶版印刷纸、铜版纸、白板纸、等。纸张是印刷时经常采用的一种媒介物，纸张本身就具有质感，不同的造纸方法因材料使用以及使用方式的不同而具有不同的色彩和肌理效果（图9-1~图9-3）。

书皮纸：主要供书刊作封面使用。书皮纸有多种颜色，以适应印刷各种不同封面的需要。

字典纸是一种高级的薄型书刊用纸，纸薄而强韧耐折，纸面洁白细致，质地紧密平滑，稍微透明，有一定的抗水性能。字典纸主要用于印刷字典、辞书、手册、经典书籍及页码较多、便于携带的书籍。字典纸对印刷工艺中的压力和墨色有较高的要求，因此印刷工艺必须特别重视。

拷贝纸主要用于印刷多联单，适用于复写、打字。由于拷贝纸呈半透明状，在书刊印刷中，主要用于装帧有画像页的护页。

书刊印刷所使用的板纸，主要是用于制作精装书壳面的封面压榨纸板，和制作精装书、画册封套用的封套压榨纸板，也用于制作纸质的包装盒。

凸版印刷纸是凸版印刷书籍、杂志时的主要用纸，适用于重要著作、科技图书、学术刊物、大中专教材等正文用纸。凸版纸印刷按纸张用料成分配比的不同，可分为1号、2号、3号和4号四个级别。纸张的号数代表纸质的好坏程度，号数越大，纸质越差。

新闻纸也叫白报纸，是报刊及书籍的主要用纸，适合报纸、期刊、课本、连环画等正文用纸。新闻纸的特点是纸质松轻、富有较好的弹性；吸墨性能好，保证油墨能固着在纸面上；纸张经过压光后两面平滑，不起毛，从而使两面印迹比较清晰饱满；有一定的机械强度；不透明性能好；适合于高速轮转机印刷。

胶版纸主要是供平版(胶印)印刷机或其他印刷机印制较高级彩色印刷品时使用，如彩色画报、画册、宣传画、彩印商标及一些高级书籍封面、插图等。

白板纸伸缩性小，有韧性，折叠时不易断裂，主要用于印刷包装盒和商品装潢衬纸。在书籍装订中，用于简精装书的里封和精装书籍中的径纸(脊条)等装订用料。

牛皮纸具有很高的拉力，有单光、双光、条纹、无纹等，主要用于包装纸、信封、纸袋等和印刷机滚筒包衬等。

◆ 9-1 铜版纸

◆ 9-2 特殊纸

◆ 9-3 特殊纸

9.2 文字肌理

文字的质感延伸法主要通过各种材料的不同肌理来传达特殊的视觉效果。肌理是客观存在的物质表面形式，它代表材料表面的质感，体现物质属性的形态。任何物质表面都有它自身的肌理存在形式，这种肌理的存在是我们认识事物的最直接的媒介。由于物体的质感不同，表面排列组织构造不同，因而产生粗糙感、光滑感、软硬感等。通过质感的演变赋予字体特殊的视觉美感，给人留下深刻的印象。

肌理的构成和构图的前后关系也是体现空间关系的一种表现方法。一般来说，近景突出、清晰，肌理效果明显，色彩的明度、纯度都高；远景平淡、安静，色彩的明度、纯度都要降低，肌理效果不明显。肌理粗糙的使人感觉近，肌理细腻的使人感觉远（图9-4~图9-5）。

◆ 9-5 字体设计的特殊肌理

9.3 图形肌理

图形肌理可以是圆形自身带有的不同组织形成的肌理纹样，也可以是通过现代多媒体手段设计的肌理质感表现。无论是哪种肌理形式，其最基本的功能就是增加版式的质感和视觉体验。图形自身的肌理是日常生活中我们能够感知的形式，如山川河流，四季流转，沙漠沼泽等，人造肌理可以是化纤、钢铁、塑料等，都切实可感。在版式设计中，我们就是通过图形语言和画面形式制造视觉的冲突和肌理的对比，增加阅读的可视性和可读性。我们可以通过原研哉的设计作品深刻体味图形肌理带来的趣味性（图9-6）。

◆ 9-4 字体设计的特殊肌理

◆ 9-6 图形肌理

教学实例

现代书籍设计师不仅需要观念的更新，还需要了解和把握制作书籍的工艺流程，因为高科技、新材料、新工艺是创造书籍新设计的重要保证。设计者应在借鉴传统和当代设计成果的基础上，大胆地创造各种新的视觉样式，采用各类材质，运用各种手法，显示前所未有的实验性，使书籍形态设计一直保持着创新特征，并应用特殊表现力的语言，有效地延伸和扩展设计者的艺术构思、形态创造以及审美趣味（图9-7~图9-8）。

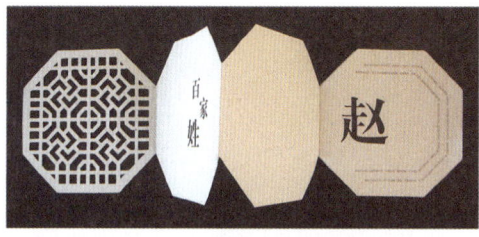
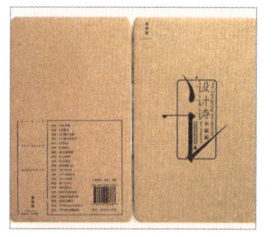

◆ 9-7 书籍设计
特殊纸张的使用增加了设计情趣，在重复了解书籍装帧的内容之后，设计师的目的就是必须把握现代书籍的形态特征。在设计中通过文字、图形、色彩、材料的编排来传达书籍各部分的信息，处理好整体与各部分之间的关系，用理性和感性的思维方法来构筑完美的书籍系统工程。

◆ 9-8 书籍设计
在书籍设计领域不断推陈出新，进行了无数独创性尝试。

设计点评

现代招贴设计、书籍设计、型录设计、包装设计都善于用肌理表现不同的设计风格和质感。肌理增加了触感和心理感应，无论是外在的肌理，还是内在的肌理，无形中都使画面更富有趣味性，同时增加了想象空间。不同的肌理对比，形成了丰富的层次和空间关系，也使设计本身得到了延展。用肌理表现层次、空间、厚重与轻薄、柔滑与粗糙等，往往会得到事半功倍的效果（图9-9~图9-12）。

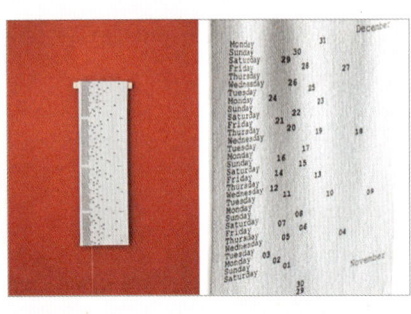

◆ 9-9 日历牌设计
本设计大胆尝试了中国传统刺绣工艺，将纸本与丝绸相互转换，画面通过针、线这两种跨界的肌理表现，让人们在感受到传统文化的同时，增加了阅读的趣味性和肌理的质感。

◆ 9-10 书籍封面设计
书籍封面设计采用了镂空的表现形式，画面具有纵深感，同时打破了传统的一成不变的设计理念，文字不再是以平面的形式出现，模切的文字增加了神秘感与新奇感，画面呈现跳跃性和空间感。

◆ 9-11 用图形表现空间
画面通过图形表现空间质感，简单的图形要素通过表现方式的改变，形成了虚实、强弱的空间变化，富有质感，同时表现了中国传统水墨画的气韵和层次。

◆ 9-12 用图形表现文字
画面运用不同图形表现文字，形成了图形文字的表现形式，层次丰富，富有想象力，同时增加了阅读的趣味性和厚重感。整个设计新奇、灵活，富有空间感和表现力，在平淡中增加了丰富的肌理表现。

课后练习

在实际设计练习中，充分利用不同设计元素，增加对肌理的感性认知，从而更好地发挥想象力和表现力，增加画面的图解要素，使画面由单一的图形向纵深的设计延伸。图形只是一种依托，通过肌理的转换解码，形成不同的视觉与心理体验，拓展画面的想象空间和可读空间，从而有效渲染图形语言，达到视觉与心理的新奇体验（图9-13~图9-15）。

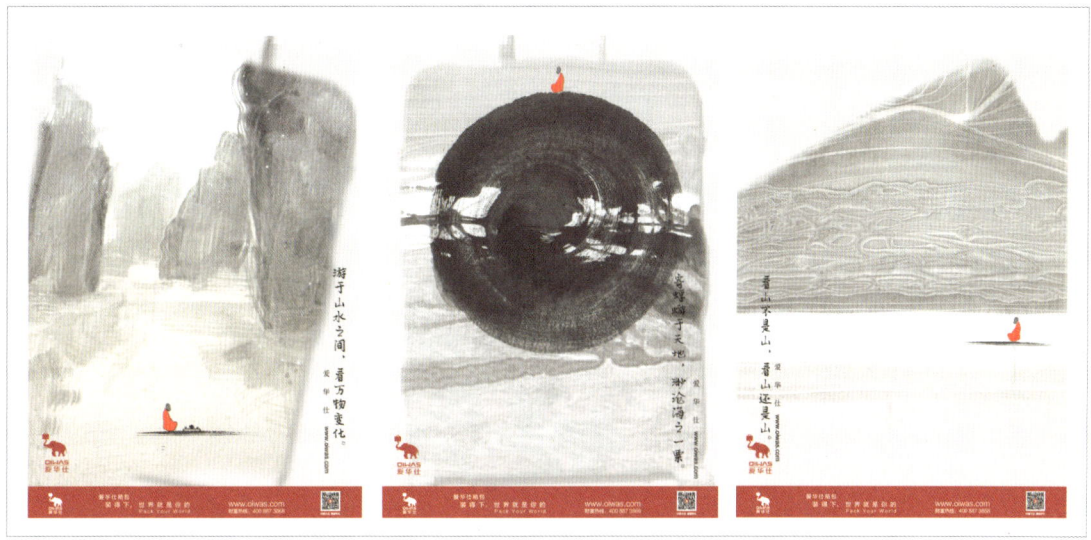

◆ 9-13 仝柯 招贴设计
该设计充分发挥想象力和表现力，将中国传统水墨艺术有效运用到设计中，使画面具有传统韵味的同时，水墨的肌理表现得深入，具有画面感和意境。红色的图形犹如国画的印章，看似不经意地放在画面中，实则是在精心设计的有意安排。

◆ 9-14 刘超 书籍设计
该设计有意识地打破传统书籍的飘口整齐划一的表现形式，通过对不同纸张的特殊形体裁切，形成具有秩序感和层次感的飘口表现，使传统设计形式被颠覆，在阅读时增加了触感和视觉新奇感。

◆ 9-15 陈长岭 书籍设计
画面采用模切的制作形式，通过传统装订表现，形成了整个书籍设计的思路与表现风格。整个设计新颖，贯穿全书，多层次的错落有致的安排形成视觉的肌理表现，牛皮绳与铜版纸形成肌理对比，白色与黄色，光滑与粗糙都是一种明确的对比。

第10章 版式设计的多维应用

版式设计最终的目的是宣传,不同的场合有不同的应用方式,不同的人群、地域,其应用范围和表现手段不同,经过长时间的考量而产生了科技、工艺、受众审美等因素限制的应用法则。

10.1 书籍应用

在人类历史长河中，书籍一直是人类文明进步的标志。书籍装帧设计已经成为一个立体的、多侧面的、多层次的、多因素的系统工程。全方位主要是指创意、制作工具、材料和工艺；书籍装帧设计包括封面、封二、封三、封底、书脊、环衬、正文版式设计等。

书籍装帧既是技术设计，也是艺术设计。所谓技术设计就是研究编排设计的科学性——阅读的视觉流程等客观规律，如字距与行距安排得太小则显得太紧，密不透风；字距与行距安排得太大，到疏可走马的程度则会导致阅读时视觉流程的中断，影响对内容的理解。书籍装帧的艺术性是指各构成要素在设计者的精心安排下，注入了设计者的情感因素，这些视觉要素转化为与读者共有的情感体验。艺术是"情感的符号"，它不是对生活的再现，而是一种可以感知的情感的形式符号。在书籍装帧中，书籍的整体形态就是一种"形式"设计。书籍的整体形态包括开本设计的形式感、精装平装的形式感、书籍函套的形式感等。中国古代书籍的简策装、卷轴装、旋风装、经折装、线装等，都体现了不同时期的书籍外在形态的形式美。书籍装帧首先是书籍外在的整体形态的设计，书籍装帧艺术独特的形式意味首先是在塑造书籍外在形态。书籍装帧艺术的使命之一就是在书籍外在形态上酿造"形式意味"的美感（图10-1~图10-3）。

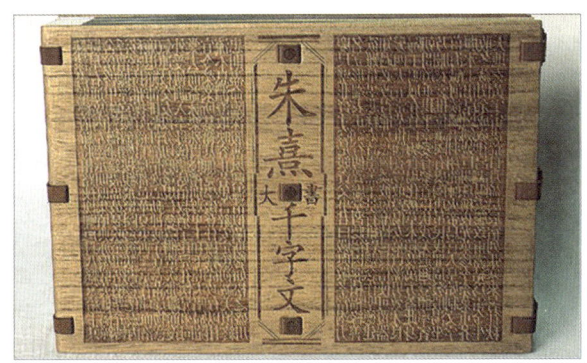

◆ 10-1 吕敬人 书籍设计

◆ 10-2 墨西哥 创意书籍设计

◆ 10-3 创意书籍设计

10.1.1 书籍装帧中空白元素的运用

在书籍装帧中，空白的元素可以用于设计封面、扉页、插页、版式等。

封面

空白是版面编排的重要因素。封面中空白元素的运用，可以采用书名或简洁的图形与大面积的空白，也可以在繁杂的图形中留出空白。这种设计方式主题突出，简单明了。

扉页

扉页也称"书名页"或"书籍的门页"，是指封面或环衬页后的那一页。扉页主要用于保护、衬托内文，是开始阅读内文前的一个序曲。在运用扉页空白页时，注意页码适中。如果空白太多，会造成纸张浪费，同时序曲拉得太长，会使人昏昏欲睡，提不起精神。扉页空白页，可通过印上色块、图形加点缀。

版式

内文的空白主要服从于设计者与内容的需要。现代设计改变了过去文字只是用来传达信息的功能，使其也积极参与到设计中，空白的存在使版面错落有致，匠心独运。

标题

标题的空白预留会增强阅读性，会使标题显得更空灵，让人一目了然，产生一种阅读愉悦感。这种效果比加大字号和加粗字体更能突出标题，又能让视觉有轻松感。

书籍装帧设计中，封面设计是重要的设计内容之一，具有举足轻重的地位。封面设计一般包括书名、编著者名、出版社名等，以及体现书的内容、性质、体裁的装饰形象、色彩和构图。其"形式结构"往往是设计者首先要思考的。形式结构如下："横线"具有张力，具有平稳安定之感；"竖线"具有挺拔感；"竖线与横线交叉"以交错的力寻求动荡感；"圆形"以弧线追求流畅、柔美；"斜线"以不稳定的"物力"寻求"心力"的提升等（图10-4）。

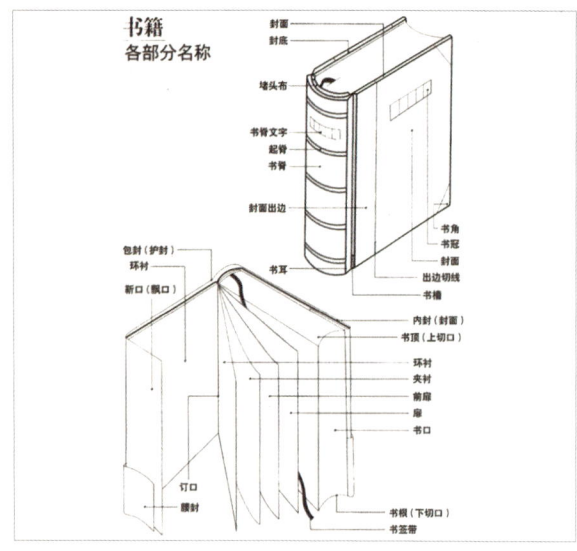

◆ 10-4 书籍装帧示意图

10.1.2 封面设计中的文字编排

封面文字中除书名外，均选用印刷字体，常用字体有书法体、美术体等（图10-5~图10-6）。

书法体笔画间追求无穷的变化，具有强烈的艺术感染力和鲜明的民族特色以及独到的个性。

美术体可分为规则美术体和不规则美术体两种。前者作为美术体的主流，强调外形的规整，点划变化统一，具有便于阅读便于设计的特点，但较呆板。不规则美术体则有所不同，它强调自由变形，无论从点划处理或字体外形均追求不规则的变化，具有变化丰富、个性突出、设计空间充分、适应性强、富有装饰性的特点。不规则美术体与规则美术体、书法体比较，既具有个性，又具有适应性。

印刷体沿用了规则美术体的特点，早期的印刷体较呆板、僵硬，现在的印刷体因电脑的介入，无论从字体、色彩还是结构上，都发生了巨大变化，既便捷又丰富、活泼。

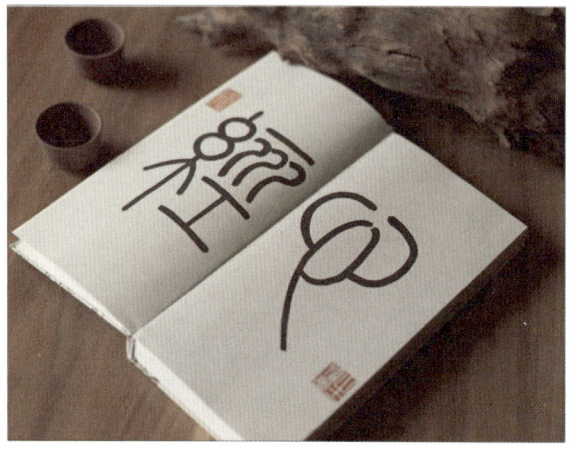

◆ 10-5 书籍装帧中的字体设计

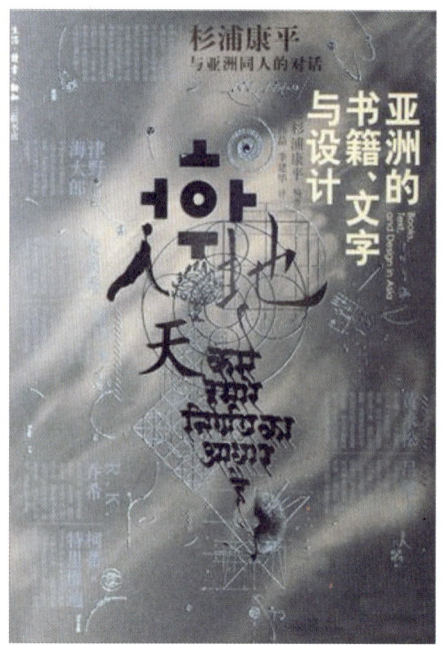

◆ 10-6 杉浦康平书籍设计

10.1.3 封面设计中的图片编排

图片编排是书籍封面设计的重要环节。图片往往在画面中占很大面积，成为视觉中心。封面的图片以其直观、明确、视觉冲击力强、易与读者产生共鸣的特点，成为设计要素的重要部分。图片的内容丰富多彩，最常见的是人物、动物、植物、自然风光，以及一切人类活动的产物。不同的书籍因受众群体不同所采用的图片也有所区别。一般娱乐性杂志，通常选择影视歌星、模特的图片做封面，以符合大众审美口味；科普刊物选图的标准是知识性，常选用与大自然有关的、先进科技成果的图片，体现科学感、现代感、未来感；体育杂志则选择体坛名将及竞技场面图片，具有速度感和力量感；新闻杂志选择新闻人物和有关场面，注重新闻价值与社会价值；摄影、美术刊物的封面选择优秀摄影和艺术作品，注重艺术价值与艺术品位（图10-7）。

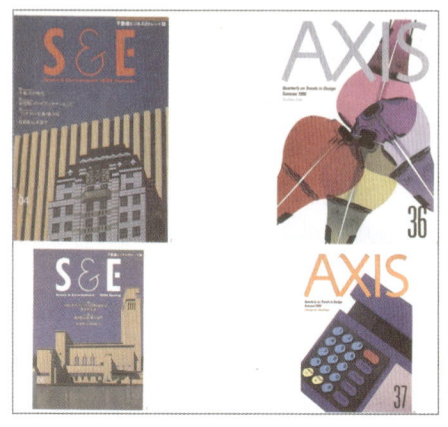

◆ 10-7 封面中的图片编辑

10.1.4 封面的色彩设计

幼儿刊物的色彩要符合幼儿娇嫩、单纯、天真、可爱的特点及对亮色调色彩敏感的生理特点,色彩往往处理成纯色,加强对比和醒目感;少年杂志介于儿童与青年杂志之间,色彩要生动活泼,富有朝气;女性杂志的色彩选择既要新潮,体现时尚,又要符合女性温柔、妩媚的特点;体育杂志的色彩则强调刺激、对比,追求色彩的冲击力;艺术类杂志的色彩要求品位高,具有丰富的内涵;科普书刊的色调一般比较深沉,具有神秘感;专业性学术杂志的色彩要端庄、稳重(图10-8)。

10.1.5 书籍装帧中的开本设计

开本是书籍开数幅面的简称,一张全开纸开切成多个幅面相等的张数,这个张数即为开数的数量。开本的设计要依据书籍的不同种类和性质,采取不同的形式。经典著作、理论书籍、学术专著类书选用32开、大32开,比较庄重,适合案头翻阅;儿童读物一般选用小开本,如64开等,小巧灵活;中小学教材、读物以32开为宜,便于书包携带;科技类图书、大学教材多选用16开,容量大,文字多;画册、图片多采用大型开本,有6开、8开、12开、大6开,也有画册丛书开本形式用24开、40开的(图10-9)。

◆ 10-8 封面的色彩设计
色彩艳丽,符合书籍内容。库淑兰民间剪纸本身就是具有民间特色的艺术形式,因此封面设计色彩对比浓烈,图形运用大胆。

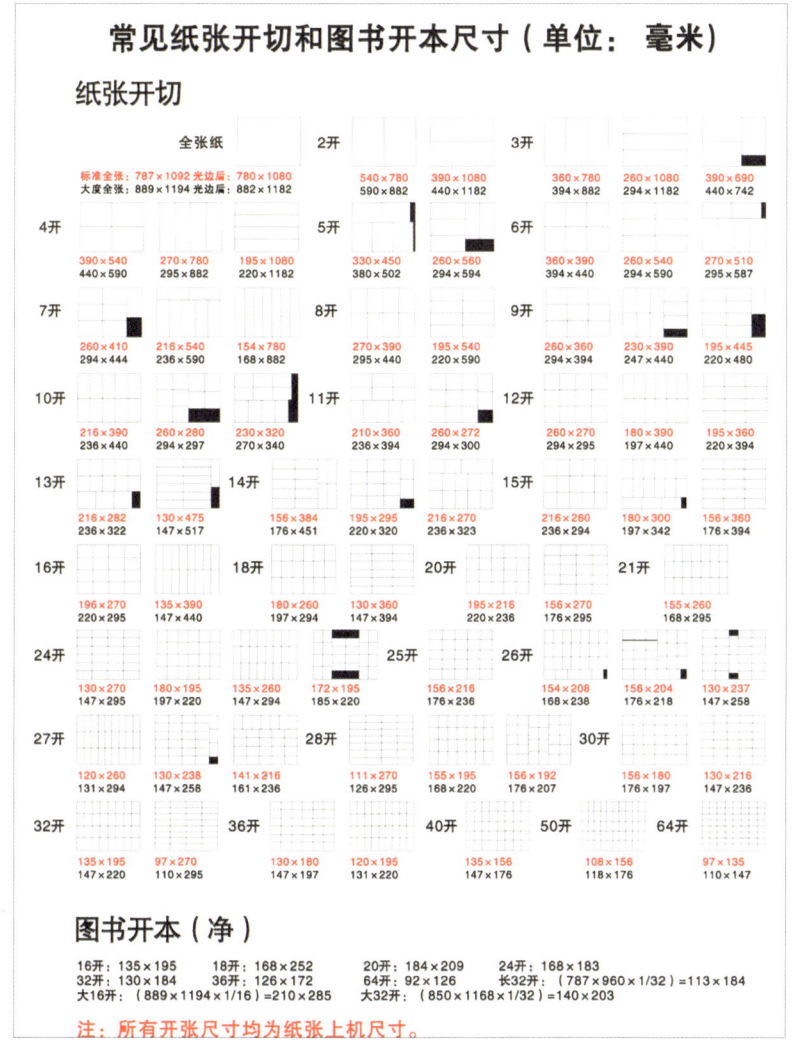

◆ 10-9 书籍开本设计

10.2 包装应用

包装设计属于平面设计范畴，它是依附于商品包装立体之上的平面设计。在包装设计中，版式设计同样占有重要的地位。

10.2.1 包装盒的版面构成

包装设计的定位思想与包装的构思紧密相连。定位是设计构思的依据和前提，却不是构思本身。设计构思作为一种形象思维，从初稿到定稿，整个思维过程都离不开具体的形象。在包装盒的版面构成中，可供选择的主体形象要素很多，如何在整理各要素的基础上选择重点，突出主题，安排好视觉流程的先后次序是设计构思的重要原则。包装要素主要有商标、文字、色彩、图形、包装结构、材料等，这些要素在设计者的手中经过整合，反映设计者的设计风格与商家的产品信息。包装盒的正面是产品信息传达的中心，集合了众多要素，如品牌名称、商标、厂址等。为了使消费者能够在众多商品中对此类商品引起注意，就需要通过一系列手段来达到整体风格中图形、文字、色彩之间的协调、连贯与醒目。

◆ 10-11 伏特加酒包装设计
色彩单纯、直接，对比鲜明，体现了伏特加的产品特性。

10.2.2 包装版式设计中的色彩构成

包装版式设计中的文字与图形都要通过色彩来表现，是影响视觉感受的重要因素。色彩的对比与调和，强化与弱化都体现了不同的风格与设计理念（图10-10~图10-11）。

色彩的情感要素包括主观情感、客观情感、色彩的主次变化、色彩的联想。

主观情感是由个人主观意识产生的情感。由于每个人的文化、职业、年龄不同，所处的民族、地域、风俗不同，会产生不同的色彩情感体验，设计要考虑商品的销售地区与适用人群，采取不同的色彩设计定位。

客观情感指大多数人对情感的普遍认识，如色彩的冷暖感、轻重感、软硬感、强弱感、兴奋感、忧郁感等。

在包装设计中色彩的用色除了有主色外，还需要层次变化，突出主体。包装设计中文字的色彩安排也要有主次之分，标题、商品名尽量醒目，采用纯度高、明度高的色彩，次要文字要减弱。

由于色彩具有一定的象征性，在人们的心里产生一种心理反应，因此色彩的联想在实际设计中具有强烈的感情色彩，如红色象征热烈、喜庆，黄色象征阳光，白色象征纯洁。

◆ 10-10 包装设计
色彩体现了一种原始质朴的大自然风情。

10.3 招贴广告应用

招贴指展示于公共场所的告示。招贴还有一个名字叫"海报"。招贴涉及的内容十分广泛，其题材几乎深入社会生活的各个方面。一般分为三类，分别是社会的公共招贴画、文体招贴、商业招贴。招贴与一般绘画不同，它可以配合文字向观众做直接的宣传鼓励。图文有机统一是招贴宣传的特殊形式（图10-12~图10-13）。

◆ 10-12 招贴设计

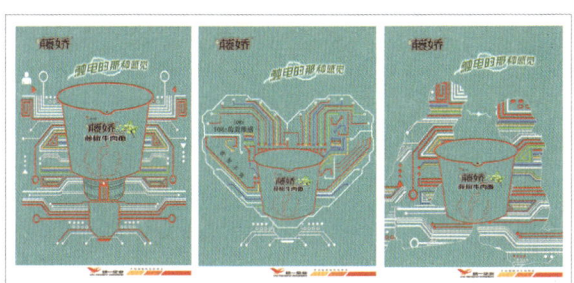

◆ 10-13 康亚洲 藤娇《给你触电的感觉》

10.3.1 招贴广告的编排表现

构成一幅招贴广告的元素有两个，分别是文字、视觉形象。

（1）文字法表现

文字表现可以发挥字体创意的图形化原则，用优美的造型和丰富的内容来宣传广告主题（图10-14）。

（2）具象形态表现

招贴的首要目的是引起观者"注意"。招贴广告设计的秘诀是"异常"，以异想天开的构思和奇异新颖的手法，创造非同一般的视觉形象。各类时装杂志、娱乐杂志都采用明星的真人照片来进行表现，吸引观众的视线。冈特兰堡的招贴大量运用了人物与动物照片，创造出一种超现实的画面表现形式。在苏州印象的招贴广告中，许多设计者运用了鱼、米等具体形象来表现苏州的鱼米之乡的含义。

（3）抽象形态表现

抽象表现手法多种多样，有以几何形的点、线、面进行描绘，也有用比喻或联想的方法处理（图10-15）。

《大阪万国博览会》以博览会会徽为核心，放射出八道色彩光束，犹如在黑夜中喷射出的一朵美丽的烟花，假借机械、电子、光学的色彩和律动，表现万国博览会对人们的吸引力。

比喻是抽象表现常见的方式之一。《世界招贴画十人展》海报将地球比喻为一只橘子，已经剥开的橘皮有让大家刮目相看的含意，这是用味觉感受比喻视觉享受的手法。

（4）幽默表现法

幽默的构思往往给人的感受是出其不意，产生一种戏剧效果。法国著名画家萨维纳克的一批优秀名作就是以"幽默"夸张取胜。如猪肉罐头招贴广告上，一头活灵活现的肥猪口中衔着开罐头的钥匙，后半部的身体却是剖开一层肉的猪自身断面，将生猪和宰杀的猪巧妙地结合在一起。

（5）悬念表现法

在招贴广告中，有意制造一种神秘的画面，产生悬念，以吸引观众注目。如冈特兰堡的招贴，在悬念中表现一种深刻的含义。

（6）特写表现法

所谓特写，就是对特定的商品以及与特定商品有关的东西如特定的人物、特定的环境进行真实的描写，以达到逼真的视觉效果，从而激起人们的购买欲。

局部特写抓住商品的本质和外形特征，把某一局部细节充分放大，经过艺术加工，达到"视觉逼真"的效果，使之成为画面的主要部分，令人对商品特点一目了然，从而产生购买欲。

人物特写是常见的一种表现形式，以人物为对象来进行描写具有明显的广告效应。

环境特写附有一定的典型环境衬托，给人以启示。

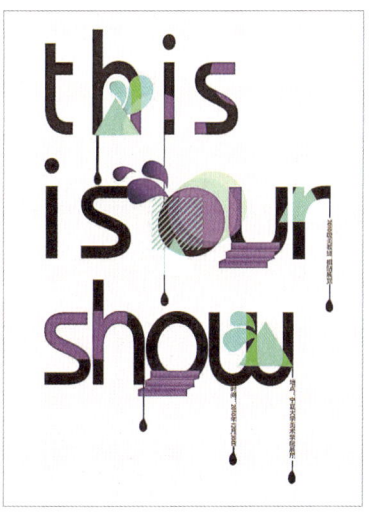

◆ 10-14 招贴设计

◆ 10-15 招贴设计

◆ 10-16 图文对比的招贴设计

（3）独特的视觉导向与视觉流程的形成

招贴广告设计中通过一些巧妙的形、线或有意识的指示性的导向可以形成独特的视觉导向，进一步形成有效的视觉流程，吸引读者的注意（图10-17）。

◆ 10-17 独特视觉流程的招贴设计

10.3.2 招贴广告版式设计的特点及要求

（1）强化整体的创意设计

广告创意设计要突出重心，讲究虚实。由于招贴广告的发布周期相对较长，所以在设计时要充分考虑主题的传达，在版面编排时使重要构成元素形成一种巨大的反差，主体形象突出。常见的编排形式主要有分割型编排、中心型编排、几何型编排、字母型编排和重复型编排。

（2）强化图文对比

在招贴广告中，广告图形占的面积大，文字面积小，除了以文字要素构成整个版面的招贴，图形或占满整个版面，或留有大量的空白。文字要素中标题、广告语等文案往往在画面中占有很大的版面，附文占更小的面积。文字在招贴广告中有多种表现方式，不论是大小、颜色、肌理、方向都得到了最大限度的表现。招贴广告文案要素是广告的文字语言设计，不能只重视图形与表现手段而忽视文案的设计。人们看一个广告时，其图形注意度达78%，文字注意度达22%，但过一段时间，人们往往记得住广告文字，图形的形态则不会有太深的印象。这时对招贴广告的印象是文案65%，图形35%。这两组数字说明，招贴广告提醒具有超前期冲击力，文案具有较深的影响力（图10-16）。

10.4 报纸应用

报纸作为一种传播快、信息量大、运转周期短的媒介，在快节奏的信息时代如何更直接、更全面、更迅速地传递信息是设计师急需解决的问题。

10.4.1 报纸版式设计中的版面模式

报纸版面的细分化、稿件安排的模块化、导读形式的多样化、信息传递的图解化都是针对读者心理和习惯要采取的一系列行之有效的措施。

现代报纸的版面设计形式丰富多彩，但报纸版面主要分为两种形式，分别是模块式版面与动态式版面。模块式版面兴起于20世纪60年代，70年代成为美国报纸版面编排的主流，其特点是将信息的所有要素设置在一个规矩的矩形中，矩形框通过栏线或空白版面分割为多个规则的区域，这样有利于信息的查找与浏览，使版面清晰、规则、便于操作。动态式版面比较适合娱乐性的报纸或针对青少年读者的报纸。动态式版面没有固定的栏线及矩形区域，文字与图形自由编排，形成不规则形或充满整个版面，或改变形态，其标题醒目富有冲击力。动态式版面是自有随意的组合式版面，编排具有一定的视觉冲击力，符合现代人求新求变的心理特点。自由的组合可以造成不同版面的风格特点，具有多样性；固定的栏目因组合方式的不同在内容不变中求得形式的变化，增强读者的审美愉悦性（图10-18~图10-19）。

引读者，因此必须保持报纸设计的鲜活力。

（2）头版报纸的杂志化风格倾向

在以往的设计中往往以整齐的标题性文字来形成报纸的头版版面风格，图片的穿插是辅助文字的。现代报纸版式设计中重视图形的视觉语言，在头版设置一幅或多幅照片，形成视觉中心，吸引、诱导读者去阅读。一些时尚报纸经常采用明星的大幅照片来造成强烈的刺激，头版的信息量大大减少，增强了提示与引导的作用。图片的大量使用改变了以往图片只处于附属地位的传统观念的设计，使图文并重，尤其是彩色照片的利用具有强烈的震撼力，既装饰美化了版面，又具有图解的双重作用（图10-20）。

（3）标题与内文字体的形体及色彩的夸张

在以往的版式设计中，标题字号的增大都是在一定范围进行一定比例的放大与缩小。随着审美习惯的改变，标题的字号大小、形态的比例夸张都形成了一种强烈的声势感，其色彩的搭配也更加醒目、活跃。

（4）阅读的功能性与导读系统的丰富性

现代报纸的中的信息陈列相对稳定，也就是我们所说的静态版面类型。报纸的设计风格和设计形势相对固定，形成固定的信息陈列区，从而使读者以最快的速度找寻所需的内容。

现代报纸的栏目众多，如体育专栏、娱乐专栏、饮食专栏、新闻专栏等，每个专栏的受众不同，因此形成秩序化、规律化的分类组合，也就是我们说的栏目板块化。

如杂志一样，报纸也具有导读系统。导读系统的建立促使人们在大量信息中方便、迅速地提取信息，通过图片、文字、示意图等来实现导读系统的多样性。

面对激烈竞争的报纸行业，各类报纸充分挖掘潜能，树立品牌形象，迎合读者的口味，在版式设计中通过报头的组合，形成品牌标识；对栏目进行固定格式与不同版面的页眉设计；在色彩与形体上实现差异，外形的差异可以带给读者不同的观感，色彩的差异则形成强烈的对比。

◆ 18-18 报纸设计
独特的图形与文字处理使画面具有丰富性和趣味性，适于长久时间的阅读。

◆ 10-19 报纸设计

10.4.2 报纸版式设计的创意

报纸版式设计的创意受到社会发展、媒介形式的多样化及人们审美需求等多方面条件的影响，改变了以往以传递信息为主要功能的设计形式，在风格上实现了多样化，充分借鉴了电视、杂志、互联网等媒介的传播形式。

（1）追求强烈的视觉冲击力

信息量的增加与快节奏的生活方式使人们处于一种信息疲惫状态，只有增加版面的视觉冲击力，才能在众多的报纸中吸

◆ 10-20 杂志风格的报纸设计
色彩对比强烈，图形成为画面主要设计要素，整个设计鲜明、活跃，图形与文字形成环绕型，大量的图片信息主导了阅读的视线。

10.5 杂志应用

杂志由于出版周期短、传递快等因素，其开本一般选用16开、24开、32开等，采用平装软封面。封面刊名的设计虽不是图形化的商标，但具有极强的识别性、可读性、象征性，根据自身的定位及读者群设计独特的字体，如娱乐性的杂志刊名比较活跃、流畅，文字的设计往往采用强烈的色彩，新闻类的杂志刊名比较庄重、简洁。杂志刊名的表现通过文字的大小、疏密安排等方式实现，设定统一的字体、图形，保持风格的一致性与视觉的延续性。杂志的导读系统包括目录、页码等元素。目录的信息量极大，往往包括出版、发行、法律声明等信息。由于内容的增多，因此在识读方面就要通过字体与色彩的转换来体现信息的逻辑性与层次感。页码作为版式设计的一个设计元素，不再是简单的一个标记，而是一个极具性格表现的元素，好的页码设计不仅利于内容的查找，而且能装饰版面，成为一个亮点。杂志的信息量大，在阅读时容易产生疲劳感，所以内文编排形式一般采用双栏、三栏设计，同时增强了图片与文字的穿插形式，甚至是不规则形的使用，以增强其阅读性与趣味性，其文字与图形的安排打破常规的设计思路，大胆裁切，以创造新的视觉形象（图10-21）。

◆ 10-21 美食杂志设计
通过对图片的居中设计，突出美食特征，文字排列有序，标题的特异色彩与右上角的蓝色团块状文稿形成呼应关系。

杂志设计主要注意以下几个方面：

（1）主题形象强化

突出、强化主题形象，封面、封底、前后环衬、目录、译序、题词、护封都要有主题形象出现，从变化中求得统一，进一步深化主题形象。

（2）分割有序

按黄金分割比例，同时增加版面的信息量传递和有效阅读流程，杂志的信息传递具有一定的时效性，因此条理明晰的版面分割有助于集中进行信息发布与整合。

（3）书眉页脚的独特审美

打破常规的书眉和页脚设计，使二者统一在一个区域，双码书眉排在地脚，单码书眉排在天头，一天一地，左右交错，全书书眉间隔倒错，耐人寻味。上下左右间隔交错的这种书眉打破了常规的绝对对称之均衡，在形式上呈现令人惊讶的新意，有独特的审美价值。同时书眉和页码突破常规的字号设计，有意识地增加图案化特征和使用大号字，使被表达对象的特征更加鲜明、突出，产生一种令人惊奇叫绝的美感。

10.6 户外广告应用

凡是能在露天或公共场合通过广告表现的以向许多消费者推销商品为目的的媒体都可称为户外广告媒体。户外广告可分为平面和立体两大部类，立体广告分为霓虹灯、广告柱、广告塔、灯箱广告等（图10-22）。

户外路牌广告广泛分布于公路、交通要道、城市主干道以及大型广场中。路牌广告为了方便信息的远距离传递，采用大面积、简洁醒目的表现形式。由于户外广告的载体发生了变化，可以是乡间地头，也可以是城市的建筑，还可以是移动的交通工具，因此广告的图形语言变得愈加丰富，并且能够有效地同载体的外形相结合。

户外广告文案必须简明扼要，一般形式为主题语加简短有力的几句随文说明。为了在瞬间抓住路人的眼球，图形要求有极其强烈的视觉冲击力，不可过于复杂烦琐。图形居于版式的中心，一般以写实的手法进行表现，产品图形是指要推销和介绍的商品图形，目的是重现商品的面貌风采，使受众看清楚它的外形和内在功能特点。

色彩要能非常准确地传达广告主题感情，从而使人产生共鸣，留下深刻印象。

◆ 10-22 创意户外广告设计

10.7 企业视觉识别应用

企业形象设计是现代企业树立品牌、推广公司设计理念、树立企业形象、提高企业知名度和认知度的重要方式。企业形象设计中的名片、信封、整体形象推广手册等都是传达信息、树立良好视觉形象的极好媒介，具有独特的审美形式与文化内涵。没有良好的企业形象，就会让人们缺乏对企业的了解与认知，不能形成一定的消费群体，所以企业形象设计中的版式设计担负着重要的责任（图10-23）。

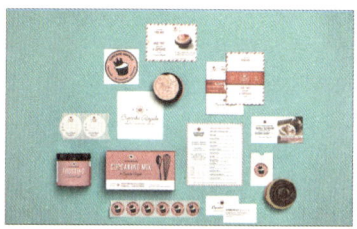

◆ 10-23 国外糕点品牌Cupcake Royale视觉VI设计

（1）VI手册的整体化版式设计

VI手册包括标志、标准字、标准色，各种名片、信笺及各种基础部分与应用部分的结合，形成一套行之有效的系统推广手册。VI的基础部分包括标准字、标准色、吉祥物、广告语、商标、标识等；VI的应用部分包括证件类（如工作证、徽章、名片、旗帜等），办公类（如信笺、文档袋、表格等），广告类（如招贴、杂志、电视、年历等），服装类（如工作服、徽章、帽子、领带等）。

VI的版式设计具有条理性与秩序性，使用方便，形式严谨规范，一目了然。在手册的编排中注重整体形象的统一与理性化的设计，不能随意编排。

（2）名片的版式设计

名片是在方寸之间传达诸多文字与图形要素的集合体。名片包括的要素有商标、标准字、标准色、广告、姓名、头衔、地址、电话等。如何将众多元素有效合理地安排在有限的空间内是对设计师不小的挑战。名片具有宣传企业与推销个人形象的功能，在社交场合下，可以联络感情促进交流。名片构成与编排形式多种多样，不同的形式给人的心理感受不同。规则式构图饱满、整齐一律，具有理性的思维方式与秩序感；自由式版式新颖活泼，热情奔放。

（3）信笺的版式设计

信笺是企业与消费者、企业与企业之间相互联系的媒介之一，它充分体现了企业的形象与艺术品位。作为商业通函交往，它不仅传递信息，而且带来强烈的视觉享受。设计师在设计信笺时往往注重风格的体现，一般使用标准图形、标准字体、商标、企业形象等设计元素，在统一的视觉前提下，寻求多样化的表现方式。信笺的版式设计分为四边式、对角式、对称式、中心式、左上角式、右上角式等，形式的多样化体现了现代社会中企业对信笺的注重程度，体现了人与人、企业与企业之间的一种情感交流。

（4）信封的版式设计

信封具有一定的尺寸与规格，受到邮政编码、位置、颜色、地址等条件的制约，在版式设计中，需要调动已有的设计因素之外的其他设计元素，加强信息传达的有效性与灵活性。信封的封口具有引导作用，诱使人们有阅读的冲动，图形的合理安排可增强视觉冲击力，具有趣味性与文化星等审美特性。

10.8 网页应用

网页是构成网站的基本元素，是承载各种网站应用的平台（图10-24）。

图像的大小决定着信息阅读的主次关系。一般而言，大的图像都是最先映入眼帘的，容易形成视觉焦点，感染力强。在大小对比强烈的网页中，画面具有跳跃感和刺激性。小图像常用于图文穿插，起辅助说明和点缀的作用。在网页设计中，应首先确定主要图像与次要图像，扩大主要图像的面积，使次要角色缩小到从属地位。只有大小图像主次得当地穿插组合，才能构成最佳的页面视觉效果。

读图时代要求网页设计中图像的数量非常考究，一味地增加图片数量并不是有效的设计手法，图片的有效呼应和图片数量的多少，都会产生不同的视觉氛围。限于目前网络的传输速度，使用图像时一定要谨慎。大的图像会降低页面显示速度，即使是小图像，如果数量过多，同样会使页面下载速度变慢。

网页的长度一般从一屏到三屏不等，也有特意设计成横向滚屏的。在设计时，要关注页面的整体性和连贯性，注意整体风格和图形、文字的连续表现。

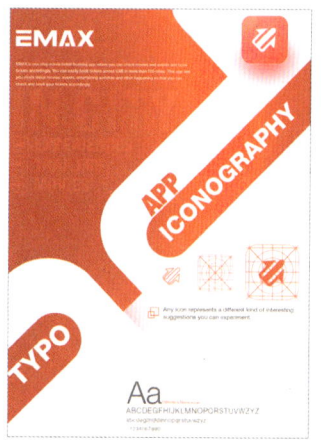

◆ 10-24 交互式网页设计
整个设计以抽象图形作为设计主体，画面区域风格明确，色彩对比突出，图形与色块穿插有序，信息传递明了。

图书在版编目（CIP）数据

版式设计 / 张如画, 李俊, 吴昊主编. — 北京: 中国青年出版社, 2019.6（2022.8重印）
中国高等院校"十三五"精品课程规划教材
ISBN 978-7-5153-5625-9

I.①版… II.①张… ②李… ③吴… III.①版式—设计—高等学校—教材 IV.①TS881

中国版本图书馆CIP数据核字（2019）第108991号

律师声明

北京默合律师事务所代表中国青年出版社郑重声明：本书由著作权人授权中国青年出版社独家出版发行。未经版权所有人和中国青年出版社书面许可，任何组织机构、个人不得以任何形式擅自复制、改编或传播本书全部或部分内容。凡有侵权行为，必须承担法律责任。中国青年出版社将配合版权执法机关大力打击盗印、盗版等任何形式的侵权行为。敬请广大读者协助举报，对经查实的侵权案件给予举报人重奖。

侵权举报电话

全国"扫黄打非"工作小组办公室　　中国青年出版社
010-65233456　65212870　　　　010-59231565
http://www.shdf.gov.cn　　　　　　E-mail: editor@cypmedia.com

中国高等院校"十三五"精品课程规划教材
版式设计

主　　编： 张如画　李俊　吴昊
副 主 编： 马林兰
企　　划： 北京中青雄狮数码传媒科技有限公司
责任编辑： 张军
助理编辑： 张君娜　石慧勤
书籍设计： 乌兰
出版发行： 中国青年出版社
社　　址： 北京市东城区东四十二条21号
网　　址： www.cyp.com.cn
电　　话： （010）59231565
传　　真： （010）59231381
印　　刷： 天津融正印刷有限公司
规　　格： 787×1092　1/16
印　　张： 9
字　　数： 196千字
版　　次： 2021年6月北京第1版
印　　次： 2022年8月第7次印刷
书　　号： 978-7-5153-5625-9
定　　价： 49.80元

如有印装质量问题，请与本社联系调换
电话：（010）59231565
读者来信：reader@cypmedia.com
投稿邮箱：author@cypmedia.com
如有其他问题请访问我们的网站：http://www.cypmedia.com